Mojahidul Islam
Vijender Singh

Manual de laboratorio de química orgánica I

Mojahidul Islam
Vijender Singh

Manual de laboratorio de química orgánica I

Editorial Académica Española

Imprint
Any brand names and product names mentioned in this book are subject to trademark, brand or patent protection and are trademarks or registered trademarks of their respective holders. The use of brand names, product names, common names, trade names, product descriptions etc. even without a particular marking in this work is in no way to be construed to mean that such names may be regarded as unrestricted in respect of trademark and brand protection legislation and could thus be used by anyone.

Cover image: www.ingimage.com

Publisher:
Editorial Académica Española
is a trademark of
International Book Market Service Ltd., member of OmniScriptum Publishing Group
17 Meldrum Street, Beau Bassin 71504, Mauritius
Printed at: see last page
ISBN: 978-620-0-39722-5

Tabla de contenido

ANÁLISIS CUALITATIVO SISTEMÁTICO DE LOS COMPUESTOS ORGÁNICOS

-: **Procedimiento para el análisis cualitativo sistemático**: -

I. PRUEBAS PRELIMINARES:

A). OBSERVACIÓN FÍSICA:
        a.Estado:
        b.Color:
        c.Olor:

B). PRUEBA DE IGNICIÓN:

Experimento	Observación	Inferencia
Tomar una pequeña cantidad de muestra en una espátula y arder en la llama	a. El compuesto se quema con la llama de hollín b. El compuesto se quema sin llama de hollín	a. El compuesto es aromático b. El compuesto es alifático

C). PRUEBA DE INSATURACIÓN:

Experimento	Observación	Inferencia
a. **LA PRUEBA DE BAYER:** Disuelva una pequeña cantidad de la muestra en agua (o acetona) para obtener una solución clara y añada 1-2 gotas de Permanganato de Pot. Agitar y notar el cambio de color inmediatamente	a. Color púrpura de El permanganato de la olla Permanece sin cambios b. El color púrpura se pone descargado	a. El compuesto está saturado b. El compuesto es insaturado o fácilmente oxidable
b. **PRUEBA DE BROMAS:** Disuelva una pequeña cantidad de muestra en agua (o tetracloruro de carbono) para obtener una solución clara y añada 1-2 gotas de agua de bromo (o solución de bromo en tetracloruro de carbono). Luego agitar y notar el cambio de color inmediatamente	a. Color naranja permanece sin cambios b. El color naranja se pone descargado	a. Saturado b. Insaturado o fácilmente oxidable

II. ANÁLISIS ELEMENTAL POR FUSIÓN DE SODIO O MÉTODO DE LASSAIGNE.

Esta prueba se hace para identificar los elementos adicionales como N, S y halógenos presentes en los compuestos orgánicos

Procedimiento:

Cortar un pequeño trozo de metal de sodio, secarlo con papel de filtro para eliminar el líquido adherido e insertarlo dentro del tubo de fusión hasta su fondo. Luego calentar el tubo de fusión suavemente manteniéndolo justo encima de la llama para obtener un glóbulo plateado brillante y retirarlo de la llama. Luego ponga una pequeña cantidad de muestra (alrededor de 0,1 gm de sólido o 2-3 gotas de líquido) dentro del tubo de fusión y se puede observar una reacción inmediata con el metal de sodio. Se debe dejar que esta rápida reacción disminuya y luego otra vez un pequeño trozo de metal de sodio seco (aproximadamente la mitad del tamaño del trozo utilizado anteriormente). Primero se calienta suavemente el tubo de fusión manteniéndolo justo por encima de la llama durante unos segundos y, a medida que la reacción cobra impulso, se debe retirar de la llama. El proceso se repite varias veces. Finalmente se calienta primero a fuego lento y con fuerza durante 4 o 5 minutos. El tubo de fusión se pone al rojo vivo y puede comenzar a derretirse pero continuar calentándose durante el tiempo especificado. Entonces inmediatamente se sumerge el tubo de fusión en casi 10 ml de agua destilada guardada en un plato de porcelana, se tritura y se muele con el mortero. El contenido debe ser hervido durante 2-3 minutos y luego filtrado. Recoger el filtrado (conocido como extracto de **fusión de sodio**). Dividir el extracto en 3 porciones para llevar a cabo la prueba de nitrógeno, azufre y halógenos.

Experimento	Observación	Inferencia
A. PRUEBA DE NITRÓGENO (N): Tome 1-2 ml de extracto de fusión de sodio en un tubo de ensayo; añada una espátula de cristales de $FeSO_4$ y hiérvalo. Enfriar y Luego acidificar con 1 ml de H_2SO_4 concentrado y mezclar	1. El color azul de Prusia apareció 2. No hay color azul de Prusia	1. N está presente 2. N está ausente
B. PRUEBA DE SULPHUR (S): a). Tomar 1-2 ml de extracto de fusión de sodio en un tubo de ensayo, acidificar con ácido acético diluido y añadir unas gotas de solución de acetato de plomo al 5%	1.Apareció el precipitado negro (ppt) 2. No hay ppt negro	1. S está presente 2. S está ausente
b.) Prueba de confirmación **para S**:[se hará si la prueba a) es positiva]]. Añade 2-3 gotas de solución recién preparada de solución de nitroprusiato de sodio a 1-2 ml de extracto de fusión de sodio.	1. Se observa un intenso color púrpura	1. S se confirma

C: **PRUEBA DE HALÓGENOS:** **Si N & S ambos están ausentes:** a). Acidificar 1-2 ml de extracto de fusión de sodio con ácido nítrico diluido y luego agregar el exceso de solución de nitrato de plata **O si N y/o S están presentes:** a). Acidificar 5 ml de extracto de fusión de sodio con 4 ml de ácido nítrico concentrado y hervir la mezcla para reducir el volumen a 1 ml. Luego enfriar, añadir ácido nítrico diluido y 2 ml de solución de nitrato de plata	1. Apareció Precipitar (ppt) a. Ppt blanco y soluble en solución de amoníaco diluido b. Amarillo pálido ppt y ligeramente soluble en amoníaco diluido c. Ppt amarillo pero insoluble en dil amoníaco soln.	1.Halógenos presentes a. Cl presente b. Br presente c. Presento
b). Prueba de **confirmación de bromo y yodo:** Añada 2 ml de cloroformo o tetracloruro de carbono a 1 ml de extracto de fusión de sodio y luego añada 1 ml de agua clorada recién preparada, agite vigorosamente durante unos minutos.	1. La capa orgánica se vuelve de color naranja 2. La capa orgánica adquiere un color violeta	1.Br confirmó 2.Confirmé

III. ANÁLISIS DE SOLUBILIDAD:-

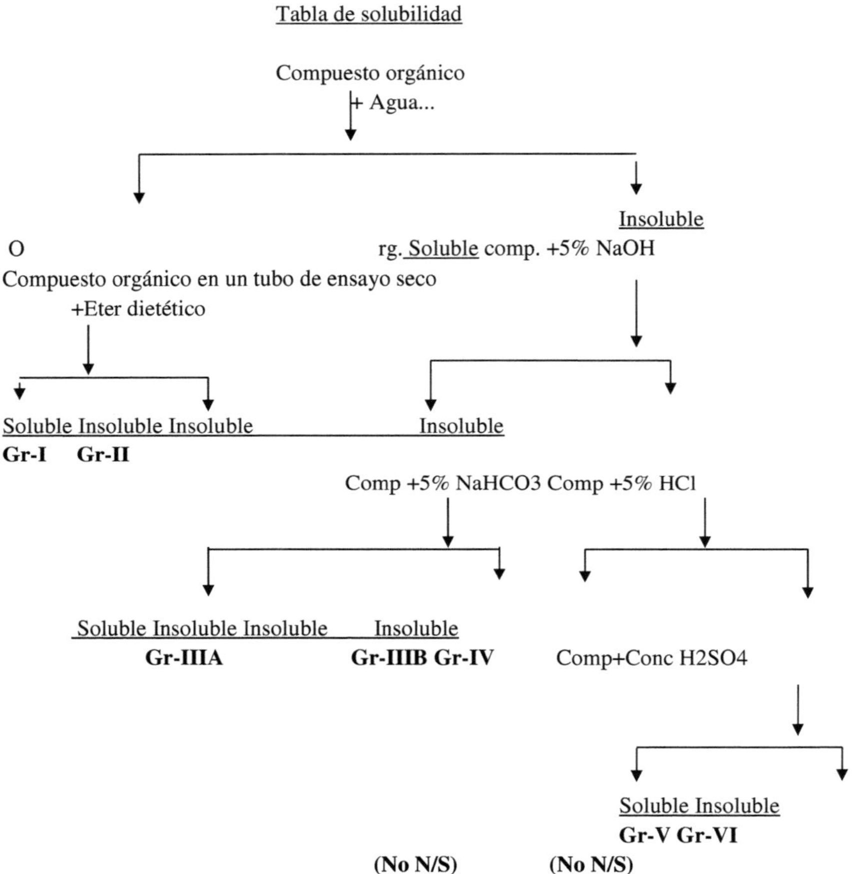

Nota: Los compuestos orgánicos que tienen N y/o S que no son solubles en agua, 5% de HCl y La solución de NaOH al 5% pertenece a **Gr-VII**

El informe del análisis de solubilidad se escribirá como se indica a continuación: (Ilustración)

Muestra	Agua	Éter	5% NaOH	5% de NaHCO3	5% HCl	Conc H2SO4	Gr
ACETONA	+	+	X	X	X	X	Gr-I
UREA	+	−	X	X	X	X	Gr-II
ÁCIDO SALICÍLICO	−	X	+	+	X	X	Gr-IIIA
FENOL	−	X	+	−	X	X	Gr-IIIB
ANILINE	−	X	−	X	+	X	Gr-IV
ACETOFENONA (Sin N/S)	−	X	−	X	−	+	Gr- V
BENZENO (sin N/S)	−	X	−	X	−	−	Gr-VI
NITROBENCENO (con N)	−	X	−	X	−	X	Gr-VII

(+) = soluble;   (−) = Insoluble;   (X) = No probado

GRUPOS FUNCIONALES PERTENECIENTES A DIFERENTES GRUPOS DE SOLUBILIDAD:

Gr-I: -   a.   Compuestos ácidos: Ácido carboxílico de bajo peso molecular; los polihidroxifenoles.

               b.   Compuestos neutros: Aldehídos de bajo peso molecular, cetonas; Alcohol, éter y éster y anhídridos.

Gr-II   a.   Nitrógeno: amida simple, urea y tiourea

               b.   No nitrogenados: carbohidratos

Gr- IIIA: - Ácidos carboxílicos de   alto peso molecular

Gr- IIIB: Fenoles

Gr-IV: Aminas primarias, secundarias y terciarias

Gr-V: Aldehídos de alto peso molecular, cetonas; alcoholes, éter, éster y anhídridos

Gr-VI: Hidrocarburos ,   halo hidrocarburos

Gr-VII: Nitrocompuestos y anilidos

IV. ANÁLISIS DEL GRUPO FUNCIONAL

I ANÁLISIS DE GRUPO.

Compuestos presentes: 1. Compuestos ácidos: Ácidos carboxílicos de bajo peso molecular como el alifático ácidos como el ácido fórmico, el ácido acético, etc. y los polihidroxifenoles.

2. Compuestos neutros: Aldehídos de bajo peso molecular y cetonas; ésteres y anhídridos y alcoholes y éteres.

EXPERIENCIA	OBSERVACIÓN	INFERENCIA
1.Prueba del papel de tornasol: Sumergir el papel tornasol azul en la solución acuosa de la muestra	a. El papel tornasol azul se vuelve rojo b. El papel tornasol azul no se convierte en rojo	a. El compuesto es ácido b. El compuesto es neutro
2. Prueba de compuestos neutros. Prueba de grupo [Prueba con 2,4-dinitro Fenilhidracina (reactivo de Brady, 2,4-DNPH)]:- Añade unas pocas gotas O cristales de muestra de unos 2ml de la solución de 2,4-dinitrofenilhidracina y agitar enérgicamente. Comprueba si aparece el ppt o no. (Si no aparece ningún ppt, calentar el tubo de ensayo en un baño de agua durante 1-2 minutos y volver a agitar o rascar los lados del tubo de ensayo con una varilla de vidrio)	a. Un ppt amarillo o naranja aparece b. No hay ppt amarillo/naranja	a. El compuesto puede ser aldehído o cetona. b. El compuesto no es aldehído ni cetona. Puede ser éster o anhídrido o alcohol o éter

NOTA: Si la prueba de grupo es positiva, entonces se deben realizar pruebas para el aldehído y la cetona

Prueba de aldehídos y cetonas **A. Prueba con el reactivo de Schiff** Añade unas pocas gotas o cristales de la muestra A 2 ml de reactivo de Schiff y Agitar	a. El color violeta aparece inmediatamente b. El color violeta aparece tarde	a. El compuesto puede ser aldehído b. El compuesto puede ser cetona
B. La prueba de Tollen: Añade una pequeña cantidad de muestra a 2ml del reactivo de Tollen y hervir en	a. Aparece un espejo plateado o ppt gris b. No hay espejo de plata/ ppt gris.	a. Es aldehído alifático b. Puede ser cetona o aldehído aromático

Baño de agua durante 2-3 minutos		
C. La prueba de Fehling: Añade unas pocas gotas o cristales de la muestra A 2ml de mezcla igual de Fehlings Solución A y B y luego hervir.	a. Aparece el ppt rojo b. No aparece ningún ppt. rojo.	a. Es aldehído alifático b. Puede ser cetona o aldehído aromático
D. La prueba de Benedicto: Hervir unas gotas o cristales de muestra con 2 ml de solución de Benedicto.	a. Aparece el ppt rojo b. No aparece ningún ppt rojo.	a. Es aldehído alifático b. Puede ser cetona o aldehído aromático

Si todas las pruebas anteriores son negativas, se debe realizar la prueba de la metilcetona, de lo contrario no.

E. Prueba de cetonas de metilo: Agregar la muestra a la acuosa solución de Nitroprusiato de Sodio y añadir unos pocos ml de solución de NaOH diluida	a. Color rojo púrpura aparece b. No hay color rojo púrpura	Es la metilcetona No es metilcetona

NOTA: Si la prueba de grupo con 2,4-dinitrofenilhidracina es negativa, se deben realizar las pruebas de ésteres, alcoholes, etc.

EXPERIENCIA	OBSERVACIÓN	INFERENCIA
PRUEBA DE ESTER **A. Prueba piloto:** Disuelva la muestra en 1ml. de absoluto y añadir 1 ml de HCl 1N y luego 1-2 gotas de solución de FeCl3 al 5%.	a. Aparece un color azul, rojo, violeta o naranja profundo b. No hay coloración profunda	a.El éster/anhídrido está ausente y no se debe hacer la prueba del ácido hidroxámico b. La prueba de ácido hidroxámico debe ...se haga...
B. Prueba de ácido hidroxámico: Disuelve unas pocas gotas o cristales de Muestra en 1ml de Hidroxilamina 0.5N Hidrocloruro en alcohol absoluto y luego agregar unas gotas de solución de 0.6N NaOH. Hervir la mezcla y enfriar. Luego agregue 2ml de N HCl y unas pocas gotas de la solución de FeCl3.	Color rojo-violeta Aparece	Ester o anhídrido Presente.
C. Prueba de fenolftaleína. Añade unas pocas gotas de solución muy diluida de NaOH a la muestra y luego	a. Descargas de color rosa inmediatamente	a. Es anhídrido b. Es éster.

agregar una gota de fenolftaleína y calentar suavemente.	b. Descargas de color rosa gradualmente	
Nota: Si no hay ésteres o anhídridos, entonces la prueba de alcoholes/éter debe ser Llevado a cabo.		
<u>Prueba de alcoholes.</u> **A. Prueba de<u> metal sódico</u>:** **Tomar** unos pocos ml de muestra en un tubo de ensayo y añadir un trozo de $CaCl_2$ anhidro para absorber agua. Transfiera el líquido claro a otro tubo de ensayo seco y añada un trozo de Metal sódico.	a. Aparece la efervescencia b. No hay efervescencia	a. El alcohol está presente b. El alcohol está ausente
B. Prueba de<u> Nitrato de</u> <u>Amonio Cerámico</u>: Añade unas pocas gotas de amonio cerámico Solución de nitrato para la muestra y la mezcla. Luego diluya con 2ml de agua.	Aparece el color rojo.	El alcohol está presente.
C. Prueba de oxidación <u>con</u> <u>ácido crómico</u>: Añadir la muestra a la solución de dicromato de potasio y acidificar con 1 gota de H_2SO_4 concentrado	a. La solución se vuelve verde o azul verdoso b. No hay color azul verdoso	a. Alcohol primario o secundario b.Alcohol terciario.
D. Prueba de diferenciación entre el alcohol primario, secundario y terciario		
<u>Prueba de Lucas</u>: Añadir 5ml de reactivo Lucas (Solución de $ZnCl_2$ en conc.HCl) a la muestra en el tubo de ensayo y agitar vigorosamente durante 5 minutos.	a. La solución se enturbia inmediatamente b. La solución se enturbia en 5 minutos. c. La solución sigue siendo clara	a. Alcohol terciario b. Alcohol secundario c. Alcohol primario.

II. ANÁLISIS DE GRUPO:

Compuestos presentes: 1. Compuestos nitrogenados: por ejemplo, amida, urea, etc.
2. Compuestos no nitrogenados: por ejemplo, los carbohidratos.

EXPERIENCIA	OBSERVACIÓN	INFERENCIA
Prueba de grupo: Hervir la muestra con una solución muy diluida de NaOH	a. El gas NH3 evoluciona y convierte el papel de tornasol rojo en azul. b. No evoluciona el gas NH3	a. Amide presente b. Carbohidratos presente
PRUEBA DE CARBOHIDRATOS		
A. Prueba de **Molisch**: Añada 2 gotas del reactivo Molisch (solución al 10% de α-naftol en etanol) a la solución acuosa de la muestra y agítela. Luego agregue lentamente 1ml de conc.H2SO4 a lo largo del tubo de ensayo con mucho cuidado.	a. El anillo violeta aparece en la unión de dos capas b. No hay anillo violeta.	a. Carbohidratos b. No es un carbohidrato
B. Prueba de **ácido sulfúrico**: Tratar la muestra seca con 1ml de Conc. frío H2SO4.	El compuesto se vuelve negro.	Carbohidratos.
C. **Prueba de Osazone**: Añada unos pocos cristales de clorhidrato de fenilhidracina al acetato de sodio acuoso y agítelo bien para obtener una solución clara. Luego agregue unos pocos cristales de muestra seguidos de 1ml de etanol y caliéntelo durante 10 minutos.	a. Ppt cristalino amarillo aparece. b. No hay ppt amarillo	a. Es azúcar b. Sin azúcar
D. **Prueba para la reducción de azúcares**: a. **La prueba de Fehling:** Hierve una pequeña cantidad de muestra con 2ml de una mezcla igual de la solución A y B de Fehling.	a. Aparece el ppt rojo. b. No hay ppt rojo.	a. Azúcar reductor b. No reductor azúcar
b. La **prueba de Benedicto**: Hervir la muestra con 2 ml de reactivo de Benedict durante 2 minutos.	a. Aparece el ppt rojo. b. No hay ppt rojo.	a. Azúcar reductor b. No reductor azúcares.
c. **La prueba de Tollen**: Añade una pequeña muestra a 2 ml de reactivo de Tollen y caliéntala durante 10 minutos en un baño de agua.	a. Espejo plateado o gris ppt aparece. b. No hay espejo de plata / gris ppt.	a. Azúcar reductor b. No reductor azúcar

E. Prueba de distinción entre mono, di y polisacáridos.		
a. La **prueba de Barfoed**: Calentar el tubo de ensayo que contiene 1ml de reactivo de Barfoed y 1ml de solución acuosa diluida de la muestra durante 2 minutos.	a. El ppt rojo aparece en 2 minutos. b. No hay ppt rojo.	a. Monosacárido. b. Di- o poli- sacárido
b. Prueba de **yodo**: Añadir solución de yodo a la solución acuosa de la muestra.	a. Aparece el color azul que desaparece con la calefacción pero reaparece con la refrigeración. b. No hay color azul.	a. Polisacárido b. Disacárido.
F. **Prueba de aldósis y cetósis**. **La prueba de Selivanoff:** Caliente la muestra con 1 ml de reactivo de Selivanoff durante 2 minutos	a. Coloración roja en 2 minutos b. No hay coloración roja.	a. Ketose b. Aldose.

2. PRUEBA PARA AMIDE

EXPERIENCIA	OBSERVACIÓN	INFERENCIA
a. Hervir la muestra con dilución Solución de NaOH.	El gas NH_3 evoluciona	Amide
b. Prueba de **ácido nitroso**: Añade 2 ml de solución diluida de HCl a la muestra seguida de 2 ml de solución acuosa diluida de $NaNO_2$ y agitar.	La efervescencia rápida de Evolución del gas N_2.	Amide
c. La prueba de **Hoffman**: Disuelve unas pocas gotas de Br_2 líquido En una solución helada de NaOH y Agitar con la muestra y luego enfriar con agitación durante unos minutos.	Olor amoniacal debido a evolución de las aminas, que se vuelve ofensivo por hirviendo con $CHCl_3$ y solución alcohólica de KOH	Amide

<u>**PRUEBA DE UREA.**</u>

EXPERIENCIA	OBSERVACIÓN	INFERENCIA
a. **Prueba con NaOH:** Hervir la muestra con solución diluida de NaOH.	El gas NH3 evoluciona	Amide
b. **Prueba de ácido nitroso:** Añade 1 ml de HCl diluido a la muestra y luego 1ml de solución acuosa de NaNO2 y agitar.	El gas N2 evoluciona.	Amide
c. **Prueba de hipobromita sódica:** Disuelva la muestra en agua y añadir 5ml de sodio diluido solución de hipobromito.	El gas N2 evoluciona.	Urea
d. **Prueba con ácido nítrico:** Añade 1ml de ácido nítrico a la solución acuosa de la muestra	Aparece el ppt blanco.	Urea
e. **Prueba con ácido oxálico:** Añada una solución diluida de ácido oxálico a la solución acuosa de la muestra y revolver.	Ppt. cristalino blanco.	Urea
f. Prueba de **Biuret:** Tomar una pequeña cantidad de muestra en secar el tubo de ensayo y calentarlo suavemente durante 1-2 minutos	El gas NH3 evoluciona y el residuo se solidifica. Disolver el residuo en unos pocos ml de NaOH caliente solución, enfriar y luego añadir una gota de muy diluido Solución de sulfato de cobre. --- Aparece el color púrpura.	Urea

PRUEBA DE TIOUREA

EXPERIENCIA	OBSERVACIÓN	INFERENCIA
a. **Prueba con el ferrocianuro de Pot:** Disuelva la muestra en 2-3 ml de ácido acético y calor. Luego agregue 2-3 ml de Ferrocianuro acuoso de potes solución	La solución amarilla pronto se vuelve verde y gradualmente se convierte de color azul profundo.	Thiourea

b. **Prueba con cloruro férrico**: Calentar 1 gm de la muestra en el ensayo en seco tubo hasta que se derrita. Disuelve el residuos en el agua y añadir unos pocos gotas de solución de cloruro férrico	La coloración roja de la sangre	Thiourea
c. Muestra + 2ml de NaOH soln y cálido y frío. Luego agregue unas pocas gotas de acetato de plomo soln.	Color marrón oscuro/negro	Thiourea

III A Análisis de grupo:

Compuestos presentes: Ácidos carboxílicos.

Experimento	Observación	Inferencia
1.Muestra + NaOH diluido solución y agitar	El compuesto se disuelve	El compuesto puede ser El ácido carboxílico o Fenol
2. Ponga una pequeña cantidad de muestra en la solución diluida de NaHCO3	a. Efervescencia debida a liberación de gas CO_2. b. No hay efervescencia & el compuesto no se disuelve	a. Ácido carboxílico b. Fenol
Prueba de ácido carboxílico: **3. Prueba de esterificación:** Hervir la muestra con 2 partes de alcohol absoluto y una parte de conc. H2SO4. Enfriar y verter en solución acuosa de Na2CO3 en una china plato	El dulce olor afrutado es Observado	Ácido carboxílico
4.Prueba de distinción entre el ácido carboxílico fenólico y el no fenólico		
Prueba de cloruro férrico neutro: Añade unas pocas gotas de FeCl3 neutro a la solución de muestra en el agua	a. Coloración violeta b. No hay color violeta	a. Fenólico carboxílico ácido b. Ácido no fenólico

Compuestos presentes: Fenoles

Prueba de fenol: **1. Prueba de bromo:** Añade la muestra al agua (o CCl4) y agítala. Luego agregue agua con bromo (o una solución de bromo en CCl4) caen sabiamente hasta que el bromo el color persiste durante 1 minuto.	Los vapores de ppt blanco y HBr Observado.	Fenol
2.Prueba de FeCl3 neutral: añadir una gota de solución de FeCl3 neutro a muestra en etanol.	Color violeta	Fenol
3. Prueba de nitroso de Libermann: Fusionar una pequeña cantidad de muestra con pocas cristales de NaNO2 en un tubo de ensayo. Enfriar y añadir 1 ml de conc.H2SO4	Solución de verde profundo a azul se forma que se convierte en rojo pálido al añadir el exceso agua fría y de nuevo gira volver a verde/azul al añadir exceso de solución de NaOH.	Fenol
4. Prueba de tinte azoico: Disuelva unas pocas gotas de anilina en 2-3ml de diluir el HCl y enfriar y luego agregar frío solución saturada de NaNO2 con agitación. Vierta Esta solución a solución de muestra en dil solución de NaOH.	Se forma un tinte rojo/naranja.	Fenol
5. Prueba de ftalina: Calentar una pequeña cantidad de muestra con 1 gm de anhídrido ftálico y 1 gota de conc H2SO4 durante un minuto. Alcalino con solución de NaOH dil. Vierta Unas pocas gotas de este líquido a 10 ml de agua.	a. Color rojo b. Color azul c. Verde fluorescente d. No hay color	a. Fenol u o-cresol b. m-cresol c. Resorcinol d. p-cresol.

Compuestos presentes: Aminas primarias, secundarias y terciarias.

Experimento	Observación	Inferencia
A. Prueba con cloruro de acetilo: Añade el cloruro de acetilo de una gota Caída a una pequeña cantidad de muestra En un tubo de ensayo seco.	a. Reacción vigorosa b. No hay una reacción vigorosa	a. Primaria o secundaria amine b. Amina terciaria
B. Prueba de ácido nitroso (Prueba de diazotización): Disolver el muestra en unos pocos ml de HCl conc. completamente para conseguir una solución clara y enfriar a 0-50 C. En otro tubo de ensayo hacer una solución saturada de NaNO2 en agua y fresco. Entonces agregue esta solución a la solución de muestra.	a. Pequeña efervescencia b. Gotas oleosas amarillas o el sólido se separa c. Color verde o marrón ppt	a. Amina primaria b. Amina secundaria. c. Amina terciaria.
C. Prueba de confirmación para la amina primaria.		
1. **Prueba del Azodye:** Disuelva la muestra en unos pocos ml de conc.HCl completamente a obtener una solución clara y fresca en 0-50 C. En otro tubo de ensayo hacer una solución saturada de NaNO2 en agua y frío. Entonces agregue esta solución a la solución de muestra. Añada alcalina solución de β-naftol.	Tinte rojo o naranja brillante	Amina primaria.
2. Prueba de **carbilamina:** Hervir la mezcla de unas pocas gotas de muestra, unas pocas gotas de CHCl3 y 1ml de solución alcohólica de KOH por 1 minuto.	Olor ofensivo.	Amina primaria.

D. Prueba de confirmación **para la amina secundaria**.		
a. El test de Libermann Nitroso: Disuelva la muestra en unos pocos ml de conc.HCl completamente a obtener una solución clara y fresca en 0-50 C. En otro tubo de ensayo hacer una solución saturada de NaNO2 en agua y frío. Entonces agregue esta solución a la solución de muestra. Separe las gotas aceitosas o los sólidos en un tubo de ensayo y añada unas pocas gotas de fenoles y caliéntelas suavemente y enfríelas. Luego agregue 1 ml de conc.H2SO4	Gotas amarillas aceitosas o aparecen los sólidos. Color verde intenso o azul verdoso que cambia a rojo pálido al añadir el exceso de agua fría y vuelve a cambiar a verde o azul al añadir el exceso de NaOH. soln.	Amina secundaria La amina secundaria está confirmada.

V. ANÁLISIS DE GRUPO:

Compuestos presentes: **Aldehídos, cetonas, alcoholes, éteres, ésteres y anhídridos de alto peso molecular: Las** pruebas de identificación son las mismas que para los compuestos del grupo I.

VI. ANÁLISIS DE GRUPO:

Compuestos presentes: Hidrocarburos e hidrocarburos de Halo.

Experimento	Observación	Inferencia
1. Prueba de nitrificación: Hervir la muestra con una mezcla igual de con.HNO3 y H2SO4 durante 2 minutos y luego verter esta solución a 10ml agua fría. Separar estos sólidos en un tubo de ensayo y Añade gránulos de Zn y con HCl y calor durante 2 minutos. Transfiera el claro líquido a otro tubo de ensayo, genial. Y luego. añadir una solución fría de NaNO2 saturado seguido de solenoide alcalino de β-naftol	Sólido amarillo pálido o aceitoso El líquido se separa Se forma un tinte rojo o naranja	Hidrocarburos

2. **Prueba de halógeno**: **a. La prueba de Beilstein**: Calentar un cable de cobre en la llama hasta que no le da color a la llama y luego genial. Sumerge el cable en la muestra y otra vez calor en la llama.	Verde o azul verdoso Llama observada	El halógeno presente
b. Prueba con AgNO3 soln etanólico: Agitar la muestra con 2 ml de etanol AgNO3 soln.	a. Ppt gris b. No ppt	a. Halógeno adherido a la cadena lateral b. Halógeno adherido al anillo directamente.

<h1 style="text-align:center">VII ANÁLISIS DE GRUPO:</h1>

Compuestos presentes: Nitrocompuestos y amidas sustituidas como anilidas.

Experimento	Observación	Inferencia
PRUEBA PARA LOS NITROCOMPUESTOS: 1.**Prueba con Zn y NH4Cl**: Disolver la muestra en etanol y añadir cristales de NH4Cl y polvo de Zn. Calienta la mezcla hasta que hierva durante 5 minutos y añadir el reactivo Tollens al filtro filtrar y hervir en un baño de agua.	Ppt gris o espejo plateado	Compuesto de Nitro
2. **Prueba con Zn y HCl**: Tomar la muestra en un tubo de ensayo y añadir unos pocos ml de HCl y gránulos de Zn, calentar durante 10 minutos. Enfriar y luego recoger el líquido claro en un tubo de ensayo. Luego agregue una solución saturada de NaNO2 y βnaftol alcalino.	Se formó un tinte rojo o naranja	Compuesto de Nitro
3. **Prueba de hidróxido ferroso**: Mezcle la muestra con 2-3 ml de reactivo de sulfato ferroso recién preparado y luego agregue 2-3 ml de solución alcohólica de KOH y agite vigorosamente.	Rojo marrón o marrón ppt De hidróxido ferroso aparece	Compuesto de Nitro
3. Prueba de distinción para mono-, dinitro y poli-nitrocompuesto		
Disuelva la muestra en acetona y añada diluir la solución de NaOH y agitar.	a. Sin color o muy Color púrpura claro b. Color púrpura profundo c. Color rojo	a. Mono nitro comp. b. Dinitro comp. c. Poly nitro comp.

<u>PRUEBA DE ANILIDOS</u>. **1. Prueba <u>de tinte</u>:** Hervir la muestra con unos pocos ml de HCl diluido Enfriar y filtrar. Tratar el filtrado con solenoide frío de NaNO2 saturado y añadir solenoide alcalino deβ naftalina.	Se formó un tinte rojo.	Anilide.
2. Prueba de <u>carbilamina</u>: Hervir la mezcla de la muestra, unas pocas gotas de CHCl3 y soln KOH alcohólico.	Se observa un olor ofensivo.	Anilide.
3. <u>Prueba con el dicromato de Pot</u>: Añade unos pocos ml de H2SO4 concentrado a una pequeña muestra en un tubo de ensayo seco y luego añade un poco de dicromato en polvo. Caliente suavemente.	El color violeta cambia a Verde	Acetanilida.
4. <u>Prueba de Acetanilida</u>: Mezclar una pequeña cantidad de acetanilida con una cantidad igual de cristales de NaNO2 y rociar esta mezcla con la superficie de ácido sulfúrico concentrado	La coloración roja	Acetanilde

----------- X----------- X---------- X X X

<u>**ANÁLISIS CUALITATIVO SISTEMÁTICO DE LOS COMPUESTOS ORGÁNICOS**</u>

REACCIONES INVOLUCRADAS EN LOS EXPERIMENTOS:

<u>PRUEBA DE IGNICIÓN</u>: Esta prueba se hace para distinguir los compuestos aromáticos de los alifáticos. Los compuestos alifáticos arden sin llama de hollín pero los aromáticos arden con llama de hollín al calentarse. Los compuestos alifáticos se someten a una combustión completa a CO_2 y $H2O$ pero los compuestos aromáticos no se someten a una combustión completa debido a su mayor estabilidad por la resonancia del anillo aromático y como resultado el carbono (C) no se oxida por completo y permanece como tal y da lugar a las manchas.

Combustión

Los compuestos   ------------------------- alifáticos $CO_2 \rightarrow$ + $H2O$

Combustión

Compuestos aromático   -------------------------s $\rightarrow$ C (soots) + CO +CO2 + H2O

<u>PRUEBAS DE INSATURACIÓN</u>: La prueba de Bayer y las pruebas de bromo se hacen para detectar la presencia de insaturación (= / ≡ enlaces) en los compuestos orgánicos

A. PRUEBA **DE BAEYER**: Esta prueba implica la oxidación (hidroxilación) de los compuestos insaturados con diluyente alcalino KMnO4 soln. y se forman glicoles. En esta prueba el KMnO4 se reduce y su color se descarga

Glycol

B. PRUEBA DE **BROMO**: Esta prueba implica la brominación de compuestos insaturados y se forman derivados dibromo. Durante esta reacción el bromo se añade a = enlace y no hay más bromo libre y por lo tanto no hay color naranja

Dibromo derivative

3. <u>ANÁLISIS ELEMENTAL POR LA PRUEBA DE FUSIÓN DE SODIO O LA PRUEBA DE LASSAIGNE:</u>

Esta prueba se hace para identificar la presencia de elementos como N, S y halógenos en los compuestos orgánicos

El extracto de fusión de sodio se hace a partir de compuestos orgánicos mediante la fusión con sodio metálico seco para convertir estos elementos en iones que se detectan mediante pruebas inorgánicas, ya que estos elementos presentes en los compuestos orgánicos no están en forma iónica y no pueden ser detectados por las pruebas inorgánicas

Los compuestos orgánicos (que tienen C, H, O, N, S y halógenos) en la fusión con el metal de sodio dan los siguientes compuestos iónicos inorgánicos junto con el NaOH:

Na + C + N ----------------NaCN$\rightarrow$ (si N está presente)

2Na + S --------------------Na2S$\rightarrow$ (si S está presente)

Na + X (por ejemplo, Cl, Br etc.) --$\rightarrow$ NaX (si X está presente)

Na + C + N + S -----------NaCNS$\rightarrow$ (si N & S ambos están presentes)

Estos compuestos inorgánicos que tienen CN $^{(-)}$, S $^{(-2)}$ y X $(^-)$ son probados para N, S y X por los siguientes métodos:

A. PRUEBA **DE NITRÓGENO**: FeSO4 + 2 NaOH ----$\rightarrow$ Fe (OH) $_2$ + Na2SO4

Fe (OH) $_2$ + 2 NaCN$\rightarrow$ Fe -----(CN) $_2$ + 2 NaOH

Fe (CN) $_2$ + 4NaC-----N Na4$\rightarrow$ [Fe (CN) $_6$]

FeSO4 + 6 NaCN Na4$\rightarrow$ [Fe (CN) $_6$] + Na2SO4

En presencia de ácido sulfúrico, el sulfato ferroso se oxida a sulfato férrico. El producto, ferrocianuro sódico, Na4 [Fe (CN) $_6$], reacciona con este sulfato férrico para dar el color azul prusiano del ferrocianuro férrico

3 Na4 [Fe (CN) $_6$] + Fe2 (SO4) $_3$ Fe4$\rightarrow$ [Fe (CN) $_6$] $_3$ + 6 Na2SO4

(Azul de Prusia)

B. **PRUEBA DE SULPHUR**:

i. Na2S + Pb (CH3COO) $_2$ PbS$\rightarrow$ ↓ + CH3COONa

(ppt negro)

ii. Na2S + Na2[Fe (CN)$_{5NO}$] ------Na4$\rightarrow$[Fe (CN)$_{5NOS}$] (sulfonitroprusiato de sodio)

(Color púrpura)

iii. 6 NaCNS (si ambos N & S están presentes) + Fe2 (so4)3 ---- 2 Fe$\rightarrow$ (CNS)3

(Color rojo sangre)

C. **PRUEBA DE HALÓGENOS:**

A. Al calentar con ácido nítrico o acético, el N y el S (si están presentes) se liberan como gas HCN y H2S, de lo contrario interfieren con la prueba de halógeno por AgNO3

Con ácido acético:

NaCN + CH3COOH$\rightarrow$ HCN ↑ + CH3COONa

Na2S + 2 CH3COOH H2S$\rightarrow$ ↑ + 2 H3COONa

Con ácido nítrico:

NaCN + HNO3$\rightarrow$ HCN ------↑ + NaNO3

Na2S + 2 HNO3 H2S$\rightarrow$ ↑ + 2 NaNO3

Si X (halógeno) está presente, forma NaX que da precipitado de AgX (haluro de plata) con solución de AgNO3:

Na X + AgNO3→ Ag----------- X ↓ + NaNO3

Ag X ↓ + 2 NH4OH→ Ag (NH3)₂ X + 2 H2O (si X es Cl o Br

      pero el AgI es insoluble en NH4OH)

B: Prueba de confirmación de bromo y yodo:

2 NaBr + Cl2 Br2→ (naranja) + 2 NaCl

2 NaI + Cl2 I2→ (violeta) + 2 NaCl

4. <u>ANÁLISIS DE GRUPO FUNCIONAL:</u>
4 (I).   <u>ANÁLISIS DE GRUPO I:</u>

Los compuestos orgánicos como los aldehídos alifáticos y cetonas, alcoholes y éteres y ésteres y anhídridos de bajo peso molecular pertenecen al grupo Ist.

Los aldehídos y las cetonas contienen el grupo reactivo del carbonilo (-CO-). En los aldehídos, un grupo alquílico y un átomo de H están unidos al átomo de carbono carbonilo y en la cetona dos grupos alquílicos están unidos al átomo de carbono carbonilo

Aldehyde   Ketone

Los aldehídos son más reactivos que las cetonas debido a la unión del átomo de H con el átomo de carbono carbonilo debido a un menor impedimento estérico y los aldehídos son más susceptibles a la oxidación, mientras que las cetonas son resistentes a la oxidación

 <u>PRUEBA DE GRUPO</u> [Prueba con 2,4-dinitrofenilhidracina (2,4-DNPH)]: Esta prueba es positiva con el aldehído y las cetonas. Al agitar con la solución de 2,4-DNPH,   los aldehídos y las cetonas experimentan reacciones de condensación y dan ppt naranja/amarillo de los derivados de la 2,4-dinitrofenilhidracina pero otros compuestos como el alcohol, los ésteres, etc. no dan esta prueba.

2,4-dinitrophenylhydrazone

PRUEBAS DE ALDEHÍDOS

El reactivo de Schiff es una solución de Rosanilina decolorada por el paso de gas SO2. El aldehído restaura el color púrpura de la rosanilina inmediatamente pero las cetonas tardan mucho tiempo

El reactivo de Tollen es una solución amoniacal de nitrato de plata, que actúa como un agente oxidante suave. Este reactivo oxida aldehídos alifáticos a ácidos carboxílicos y se reduce a sí mismo a metal Ag pero no puede oxidar cetonas ya que la cetona es algo resistente a la oxidación con agentes oxidantes suaves como el reactivo de Tollen

AgNO3 + NaO-------H AgOH→ + NaNO3

AgOH + NH4OH→ 2 Ag [(NH3) $_{2+}$] OH $^{(-)}$

R-CHO + 2Ag[(NH3) $_{2+}$] OH $^{(-)}$ ---→ R COONH4 + 2 **Ag** ↓ + 2NH3 +H2O

<u>PRUEBA DE FEHLING</u>: Al hervir con una mezcla igual de la solución de Fehling A y B, los aldehídos alifáticos dan ppt de color rojo ladrillo de óxidos cuprosos, pero las cetonas, excepto las alfa-hidroxicetonas y los aldehídos aromáticos no.

La solución de Fehling A es una solución de sulfato de cobre y la solución de Fehling B es una solución alcalina de tartarato de sodio y potasio.

La solución de Fehling es un agente oxidante suave y oxida los aldehídos sólo a ácidos carboxílicos y se reduce a sí misma para dar óxido cuproso (I) (Cu2O)

$CuSO4 + 2\ NaOH\ \text{-----------} \rightarrow Cu\ (OH)_2 + Na2SO4$

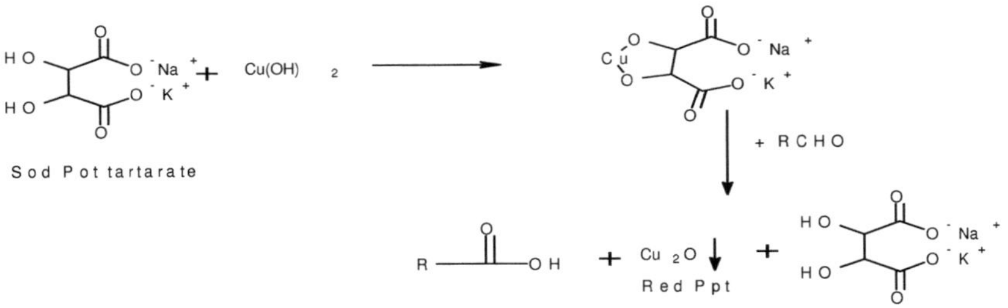

S o d P o t ta rta ra te

+ R C H O

R ——— O H   + Cu $_2$ O   +

R e d P p t

PRUEBA DE BENEDICTO: El reactivo de Benedicto es una mezcla de carbonato de sodio, citrato de sodio y sulfato de cobre (II) y esta prueba se utiliza para detectar aldehídos alifáticos. Los aldehídos aromáticos y las cetonas (excepto las alfa-hidroxicetonas) no dan esta prueba.

$R\text{-} CHO\ \ + 2\ Cu^{(++)}\ R\text{-}COOH \rightarrow\ + Cu2O + 2H2O$

PRUEBA DE METILCETONAS (R-CO-CH3): Ejemplo: Acetona, Acetofenona, etc.

a. **PRUEBA CON NITROPRUSIADO DE SODIO**: Las metilcetonas dan un color violeta con una solución de nitroprusiato de sodio recién preparada
$Na2[Fe\ (CN)_{5NO}] + R\text{-}COCH3 \text{ ---}\rightarrow Na2[Fe\ (CN)_{5NO\text{-}CH2\text{-}COR}] + 2H2O$
b. **PRUEBA DE YODOFORMO**:
$R\text{-}COCH3\ \ + 3\ I2 + 4NaOH \text{ -----}CH3I \rightarrow + RCOO\ Na + 3NaI + 3H2O$
Derivados de aldehídos y cetonas: 2,4-dinitrofenilhudrazonas, Oximas

PRUEBAS DE ALCOHOL (R-OH):

Los alcoholes son derivados hidroxi (-OH) de los alcanos y son anfóteros y actúan como un ácido débil y una base débil. El alcohol exhibe pocas reacciones debido a la sustitución del átomo de H activo (del grupo -OH), algunas reacciones debido a la sustitución del grupo -OH y algunas reacciones debido a su susceptibilidad a la reacción de oxidación. Los alcoholes son de tres tipos, primarios, secundarios y terciarios, dependiendo de la naturaleza del átomo C- al que se adjunta el grupo -OH. Los alcoholes primarios pueden oxidarse a aldehídos o ácidos y los secundarios a cetonas, pero los alcoholes terciarios son difíciles de oxidar.

1. **PRUEBA CON EL METAL DE SODIO**:

$R\text{-}OH + Na \text{ ---}\rightarrow RO^{(-)}\ Na^{(+)} + H2$

2. **PRUEBA CON CLORURO DE ACETILO**:

R-OH + CH3COCl ------CH3COOR$\rightarrow$ + HCl

3. <u>PRUEBA CON NITRATO DE AMONIO CERÁMICO</u>:

$(NH4)_2[Ce(NO3)_6]$ + R-OH   ----- [$\rightarrow$Ce(NO3)$_4$(R-OH)$_2$] + 2NH4NO3
(cambio de color amarillo a naranja)

4. PRUEBA DE ÁCIDO <u>CRÓMICO</u>: Esta prueba se hace para distinguir entre los alcoholes primarios o secundarios y los terciarios, basándose en la reactividad relativa de varios alcoholes hacia la oxidación por el ácido crómico. Esta prueba es positiva para los alcoholes primarios y secundarios porque el ácido crómico los oxida, pero negativa para los alcoholes terciarios porque son resistentes a la oxidación.

El cambio de color de naranja a verde azulado opaco indica la presencia de alcoholes primarios o secundarios y no hay cambio de color para los alcoholes terciarios

$$O$$
$$\|$$
K2Cr2O7 + H2O + 2 H2SO4$\rightarrow$ 2 -----H-O-Cr-O-H + 2HSO4$^{(-)}$
$$\|$$
$$O$$

$$O$$
$$\|$$
R-CH2OH + H-O-Cr-O-H R-COOH + Cr $\rightarrow$$^{(3+)}$ (Verde azulado)
[1] alcoholes $\|$
$$O$$

$$O$$
$$\|$$
R-CHOH-R' + H-O-Cr-O-H$\rightarrow$ R-CO R' + Cr $^{(3+)}$ (Verde azulado)
[2] alcoholes $\|$
$$O$$

$$O$$
$$\|$$
R3COH + H-O-Cr-O-H -----$\rightarrow$No hay cambio de color porque los alcoholes terciarios son

[3] alcoholes $\|$
$$O$$ no oxidado por el ácido crómico

5. PRUEBA DE <u>LUCAS</u>: La prueba de Lucas se hace para distinguir los alcoholes primarios, secundarios y terciarios basándose en su reactividad relativa con el reactivo Lucas (solución clara de ZnCl2 en HCl concentrado). Esta prueba implica una reacción de sustitución nucleófila (sustitución del grupo -OH por -Cl) y los alcoholes terciarios son más reactivos al reactivo Lucas mientras que los alcoholes primarios son menos reactivos.

Al agitar vigorosamente con el reactivo Lucas durante 5 minutos y mantener a un lado la mezcla de reacción, se observan los siguientes cambios:

Aparición inmediata de turbidez o separación de dos fases debido a la formación de cloruro de alquilo terciario que indica la presencia de alcoholes terciarios

Aparición de turbidez después de 5 minutos que indica la presencia de alcoholes secundarios

La solución sigue siendo clara, lo que indica la presencia de alcoholes primarios

$$R-\underset{R}{\overset{R}{C}}-OH \xrightarrow[HCl]{+\ ZnCl_2} R-\underset{R}{\overset{R}{C}}-Cl \downarrow + Zn\overset{Cl}{\underset{OH}{}}$$

3° alcohols   Ppt

$$R-\underset{R}{\overset{H}{C}}-OH \xrightarrow[HCl]{+\ ZnCl_2} R-\underset{R}{\overset{H}{C}}-Cl \downarrow + Zn\overset{Cl}{\underset{OH}{}}$$

2° alcohols   Ppt.

$$R-\underset{H}{\overset{H}{C}}-OH \xrightarrow[HCl]{+\ ZnCl_2} \quad No\ Reactions$$

1° alcohols

Derivados de los alcoholes: p-nitrobenzoato

<u>PRUEBAS DE ÉSTERES</u>:

Los ésteres son derivados de los ácidos carboxílicos en los que el grupo hidroxilo (-OH) es sustituido por el grupo alcoxilo (-OR). Los ésteres tienen un fuerte y distintivo olor afrutado. Pueden ser hidrolizados en medios ácidos o básicos

Ejemplos: Acetato de metilo, acetato de etilo, etc.

1. <u>PRUEBA DE ÁCIDO HIDROXÁMICO</u>: Esta prueba se hace para identificar ésteres y anhídridos. La aparición de colores brillantes como el rosa o el magenta o el azul rojizo indica la presencia de ésteres o anhídridos

$$R-\underset{O}{\overset{O}{C}}-O-R' + H_2N-OH \longrightarrow R-\underset{O}{\overset{O}{C}}-NH-OH + R'-OH$$

Ester: R' = alkyl
Anhydride: R' = -COR

$$R-\underset{O}{\overset{O}{C}}-NH-OH + FeCl_3 \longrightarrow (RCONHO^-)_3\ Fe + H_2O$$

Bright colour

<u>PRUEBA DE FENOLFETALINA</u>: Esta prueba se hace para distinguir entre ésteres y anhídridos. Al hervir la mezcla del compuesto, diluir el NaOH y una gota de fenolftaleína, el color rosado desaparece inmediatamente indicando la presencia de anhídridos y la desaparición tardía/lenta del color rosado indica la presencia de ésteres.

R-COO-R' (en NaOH)   en el R-COOH →en ebullición ------(que se vuelve incoloro en la solución)

          Ester   + R'OH

R-COOCOR (en NaOH) en el boling ---→ 2 R-COOH (que convierte la solución en incolora)

Anhídridos

4 (II). **GRUPO:-II. ANÁLISIS :**
Compuestos presentes en el segundo grupo: 1. No nitrogenados: Hidratos de carbono

2. Nitrógeno: Amidas, Urea, Tiourea, etc.

1. PRUEBA DE <u>GRUPO</u>: Al hervir con una solución diluida de NaOH, las amidas y la urea liberan gas amoniaco que puede ser detectado por el olor o al sostener una varilla de vidrio sumergida en HCl concentrado cerca de la boca de la prueba que da vapores blancos debido a la formación de NH4Cl o al sostener un papel de tornasol rojo humedecido con agua cerca de la boca del tubo de ensayo que se vuelve rojo al exponerse al gas amoniaco liberado pero los carbohidratos no liberan gas amoniaco.

i. H2N-CO-NH2 + NaOH -----------NH3$\rightarrow$

ii. NH3 + HC   ---------l NH4Cl$\rightarrow$

Hidratos de carbono + NaO----------H $\rightarrow$No Gas amoníaco

A.   **<u>PRUEBA DE LOS CARBOHIDRATOS:</u>**

 Los carbohidratos (hidratos de carbono)) son polihidroxaldehídos **o** polihidroxicetonas o compuestos que se hidrolizan fácilmente en ellos. Tienen una fórmula general de (CH2O)$_n$. Pueden clasificarse de diferentes maneras:

I. <u>Según su estructura o composición son de tres tipos:</u> a). <u>Monosacáridos (unidad de azúcar única)</u>, por ejemplo dextrosa, fructosa, etc. b). <u>Disacáridos (dos unidades de azúcar), por ejemplo, sacarosa</u>, lactosa, maltosa, etc. c). <u>Polisacáridos (tres o más de tres unidades de azúcar)</u>, por ejemplo, almidón, celulosa, etc. Los monosacáridos y disacáridos se llaman "Azúcares" y los polisacáridos se llaman "No azúcares".

II. Basándose <u>en las propiedades químicas, pueden ser</u> a). <u>Azúcares reductores</u>, es decir, actúan como agentes reductores suaves y pueden ser oxidados con agentes oxidantes suaves como los reactivos de Tollen, Fehling y Benedict. Ejemplos: Dextrosa, fructosa, lactosa, etc b). <u>Azúcares no reductores (por no tener -OH libre en el átomo C anomérico)</u>, es decir, no pueden reducir estos reactivos ligeramente oxidantes. Ejemplo: Sacarosa

Los carbohidratos que tienen un grupo de aldehídos libres son conocidos como "<u>Aldosa</u>" (por ejemplo, dextrosa, galactosa, etc.) y los que tienen un grupo de cetonas se llaman "Cetosa" (por ejemplo, fructosa).

1. PRUEBA DE **<u>MOLISCOS</u>**: Al añadir conc H2SO4 a una mezcla de solución acuosa de carbohidratos y unas pocas gotas de 1-naftol mantenidas en una prueba seca, aparece un color violeta rojizo en la unión de dos líquidos debido a la formación de un producto de condensación entre el 1-naftol y el furfural o sus derivados hidroximetílicos (obtenidos de los carbohidratos en el tratamiento con conc H2SO4)

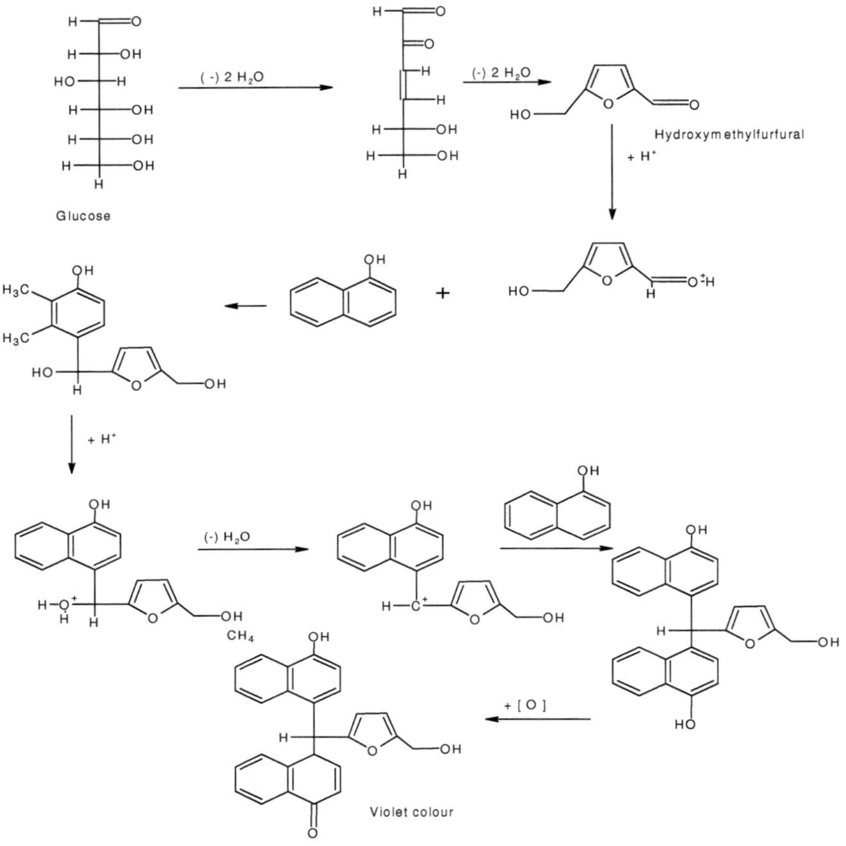

2. Al calentar con ácido sulfúrico, los carbohidratos se carbonizan y la solución se vuelve negra, lo que libera CO_2 y SO_2.

Hidratos de carbono + conc H_2SO_4 C --------------→ CO_2 ↗ + SO_2 + H_2O

3. Esta prueba es positiva para los azúcares

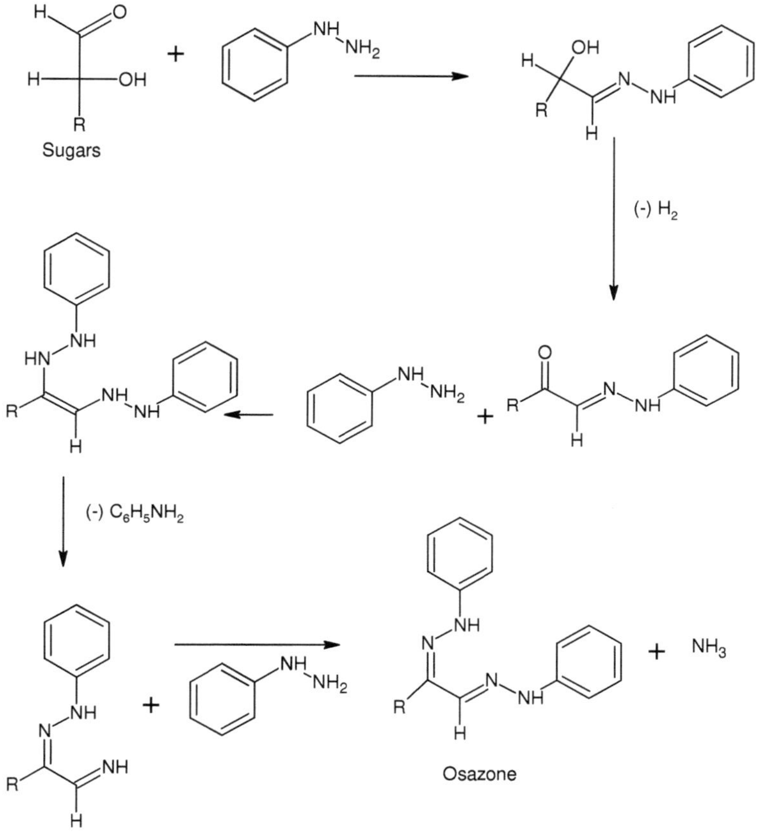

Sugars

(-) H_2

(-) $C_6H_5NH_2$

Osazone

+ NH_3

4. PRUEBA PARA LA REDUCCIÓN DE AZÚCARES:

I. PRUEBA DE FEHLING: Al hervir con una mezcla igual de la solución de Fehling A y B durante 2-3 minutos, los azúcares reductores (aldehídicos o cetónicos) dan ppt de color rojo ladrillo de óxidos cuprosos pero es negativo para los azúcares no reductores

La solución de Fehling A es una solución de sulfato de cobre y la solución de Fehling B es una solución alcalina de tartarato de sodio y potasio.

La solución de Fehling es un agente oxidante suave que oxida los azúcares reductores a los ácidos correspondientes y se reduce para dar óxido cuproso **(I) (Cu2O).**

$CuSO4 + 2 NaOH$ -----------$\rightarrow$Cu $(OH)_2$ + Na2SO4

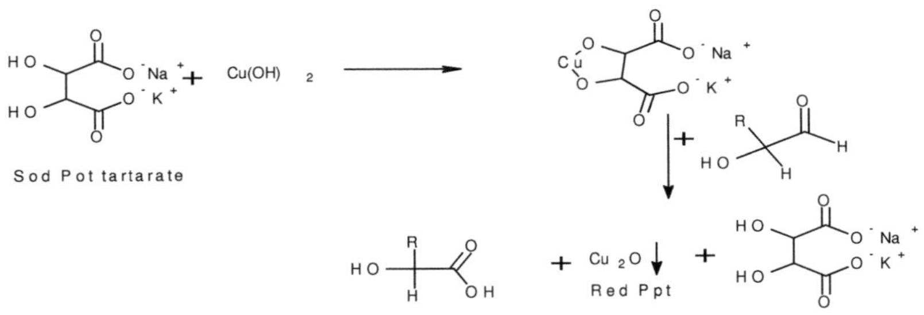

Sod Pot tartarate

Red Ppt

II. El reactivo de Benedicto es una mezcla de carbonato de sodio, citrato de sodio y sulfato de cobre (II) y azúcares reductores. Al hervirlo, el reactivo de Benedicto da ppt rojo de **Cu2O** y es negativo para azúcares no reductores.

R-CH2OH-CHO + 2 Cu $^{(++)}$ R-CH2OH-COOH$\rightarrow$ + **Cu2O** + 2H2O
   Reducción del azúcar

III. PRUEBA <u>DE TOLLEN</u>: Al hervir con unos pocos ml del reactivo de Tollen en un baño de agua   durante 10-15 minutos, los azúcares reductores dan un espejo de plata en el lado del tubo de ensayo o ppt. gris de metal plateado.

El reactivo de Tollen es una solución amoniacal de nitrato de plata, que actúa como un agente oxidante suave. Este reactivo oxida los azúcares reductores a las correspondientes sales ácidas y se reduce a sí mismo a **metal Ag**

AgNO3 + NaO-------H AgOH$\rightarrow$ + NaNO3
AgOH + NH4OH$\rightarrow$ 2 Ag [(NH3)$_{2+}$] OH $^{(-)}$
CHO + 2Ag[(NH3)$_{2+}$] OH $^{(-)}$---$\rightarrow$ COONH4 + 2 **Ag** $\downarrow$ + 2NH3 +H2O

5. DISTINGUIENDO <u>**LAS PRUEBAS ENTRE MONOSACÁRIDOS Y DISACÁRIDOS:**</u>

I. El reactivo de Barfoed es una solución de acetato de cobre monohidratado y ácido acético glacial en agua.

Al hervir con el reactivo de Barfoed durante 2 minutos, los monosacáridos dan ppt rojo de **Cu2O** en 2 minutos, pero esta prueba es negativa para disacáridos y polisacáridos.

R-CH2OH-CHO + 2 Cu $^{(++)}$ + 2 H2O R-CH2OH-COOH$\rightarrow$ + **Cu2O** + 4H+
   Monosacárido

II. PRUEBA DE <u>YODO</u>: Esta prueba es positiva para polisacáridos pero negativa para disacáridos. Los polisacáridos en el tratamiento con solución de yodo los polisacáridos dan un color azul debido a la formación de un complejo **polisacárido-yoduro** (como el yoduro de almidón)

6.   <u>**DISTINGUIENDO LAS PRUEBAS ENTRE ALDOSA Y CETOSA:**</u>

   I. PRUEBA DE <u>SELIWANOFF</u>: El reactivo de Seliwanoff es una solución de Resorcinol en HCl concentrado.

Al calentarlo con el reactivo de Seliwanoff durante 2 minutos, la **cetosa** da un **color rojo cereza** (NO PPT) en **2 minutos solamente,** pero con el color Aldose puede desarrollarse en un calentamiento prolongado de más de 10 minutos.

El reactivo de ensayo deshidrata la cetosis para formar **5-hidroximetilfurfural**, que reacciona además con el resorcinol presente en el reactivo de ensayo para producir un producto rojo en dos minutos

Ketose 5-hidroximetilfurfural　　　　　　　**Producto de condensación (rojo)**

Derivados de los carbohidratos: Osazone

B. <u>**PRUEBAS DE AMIDAS**</u> :

Las amidas son aminoácidos derivados de los ácidos carboxílicos y tienen una fórmula general de $R-CONH_2$. Las amidas pueden ser simples (por ejemplo, la acetamida) o sustituidas por N (por ejemplo, N-metilacetamida, DMF). Son altamente solubles en agua debido a la unión del H

1. <u>PRUEBA DE ÁCIDO NITROSO:</u>

$$NaNO_2 + HCl \longrightarrow HNO_2 + NaCl$$
$$R-CONH_2 + HNO_2 \longrightarrow Gas\ N_2 + RCOOH$$

2. PRUEBA DE <u>HIDROXAMACIÓN</u>: Las amidas que no son sustituidas por N, generalmente responden a esta prueba. Se añade el compuesto a 3-4 ml de clorhidrato de hidroxilamina 1N en etanol y se hierve. Enfriado y añadido 4-5 ml de solución de $FeCl_3$ recién preparada. Un color rojo o violeta debido a la formación de **hidroxamato férrico** indica la presencia de amidas

$$RCONH_2 + H_2NOH \longrightarrow RCONHOH + NH_4Cl$$

Hidroxamato férrico

3. <u>PRUEBA DE DISTINCIÓN ENTRE AMIDAS ALIFÁTICAS Y AROMÁTICAS:</u>

Esta prueba se basa en la conversión de amidas alifáticas o aromáticas en hidroxamato. Las amidas aromáticas pueden ser convertidas en ácido hidroxámico tratando con H_2O_2 mientras que las amidas alifáticas sólo pueden ser convertidas tratando con hidroxilamina

Procedimiento de prueba: Se añade amida alifática a 3-4 ml de clorhidrato de hidroxilamina 1N en etanol/propilenglicol y luego se hierve. Se enfría y se añaden 4-5 ml de solución de FeCl3 recién preparada. Un color rojo o violeta indica la presencia de amidas alifáticas

   i.   RCONH2 + H2NOH.HC-------1 →RCONHOH + NH4Cl

   ii.

$$3\ R\text{-}CONH\text{-}OH + FeCl_3 \longrightarrow (RCONHO^-)_3\ Fe + H_2O$$

Procedimiento de prueba: Amidas aromáticas añadidas a 5-6 ml de agua y agitadas vigorosamente durante unos segundos. Luego se añaden 10-12 gotas de H2O2 al 6% y se hierve la mezcla y se enfría. Luego se añaden 4-5 gotas de solución de FeCl3 recién preparada. Un color rojo azulado indica la presencia de amidas aromáticas

   i.   ArCONH2 + H2O2 ArCONHOH→ + H2O

   ii.   3 ArCONHOH + FeCl3 ----→ (ArCONHO-)3 Fe + H2O

C. TETS PARA UREA

I. PRUEBA CON ÁCIDO OXÁLICO:

                 COOH

H2NCONH2 + | → [H2NCONH2].(COOH)2

                 COOH   (Urea Oxalato)

2. PRUEBA CON ÁCIDO NÍTRICO:

$$H_2N\text{-}CO\text{-}NH_2 + HNO_3 \longrightarrow H_2N\text{-}C(OH)\text{-}NH_2 \cdot NO_3^-$$

3. PRUEBA DE HIPOBROMITA:

H2NCONH2 + NaOBr Br-NHCONH-Br --------→ → N2 gas

4. PRUEBA DE BIURET: La urea y la urea monosustituida al calentarse forma biuret, que da un color violeta rosado con una solución de CuSO4 muy diluida, debido a la formación del complejo de biuret e ión cúprico

2 H2NCONH2 (Al calentarse en un tubo de ensayo seco) -------H2NCONHCONH2→ + NH3

                         Biuret

H2NCONHCONH2 + Cu $^{(+)}$ [El Cu $^{++}$ se reduce a Cu $^{(+)}$ por el biuret] -→

                                 (Complejo de color violeta)

Derivados de la urea: Nitrato de urea, urea oxalato

4 (III). ANÁLISIS DEL GRUPO IIII:

A. PRUEBA DE ÁCIDO CARBOXÍLICO:

Los ácidos carboxílicos se caracterizan por la presencia del grupo -COOH. Son más débiles que los ácidos inorgánicos pero más ácidos que los fenoles

1. La solución de ácido carboxílico en el agua convierte el tornasol azul en rojo debido a su naturaleza ácida.

2. 2. PRUEBA DE YODO: La mezcla de ácido carboxílico, unas pocas gotas de yoduro de potasio diluido y yodato de potasio se calienta en un baño de agua durante 1 minuto y se enfría y luego se le agregan unas pocas gotas de solución de almidón recién preparada. El desarrollo del color azul indica la presencia de ácido carboxílico.

5 KI + KIO3 + 6 Ar/R-COOH→ 3 I2→ color azul con almidón

3. PRUEBA DE BICARBONATO:

R-COOH + NaHCO3 R-COO →$^{(-)}$ Na $^{(+)}$ + CO2 (efervescencia)

4. PRUEBA DE ESTERIFICACIÓN:

Ar/R-COOH + R'OH (en presencia de Conc H2SO4)------ →Ar/R-COOR'(ester) + H2O

5. PRUEBA DE ÁCIDO CARBOXÍLICO FENÓLICO:

C6H4 (OH) COOH + FeCl3→ Fe ------(-O-C6H4-COOH)3 o

Complejo de color   violeta

Derivados de los ácidos carboxílicos: Amidas, anilidas, etc.

B. PRUEBAS **DE FENOL**: Los compuestos que tienen el grupo -OH unido directamente al anillo aromático se llaman Fenoles. Son más fuertes que los alcoholes pero más débiles que los ácidos carboxílicos.

1. PRUEBA DE BICARBONATO:

C6H5 -OH + NaHCO3 Sin→ formación de CO2 (efervescencia) y
        compuestos no solubles

2. PRUEBA CON CLORURO FÉRRICO NEUTRO:

C6H5 -OH + FeCl3→ Fe ------(-O-C6H5)3   /

Complejo de color violeta

3. PRUEBA DE BROMO: Los fenoles con bromo dan una turbidez blanca/ppt debido a la formación de 2,4,6-   tribromofenoles

4. PRUEBA DE LIBERMANN NITROSO:

5. PRUEBA DE <u>FTALINA</u>:

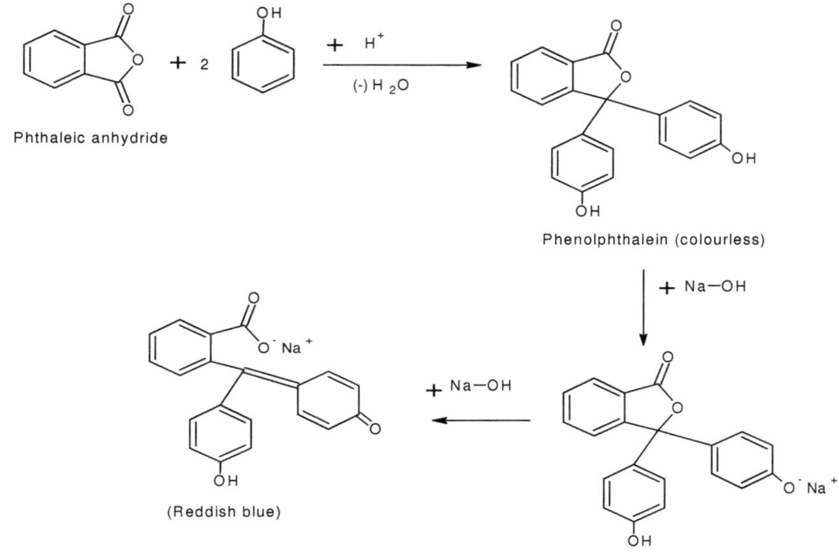

Phthaleic anhydride

$+$ H$^+$

$(-)$ H$_2$O

Phenolphthalein (colourless)

$+$ Na$-$OH

$+$ Na$-$OH

(Reddish blue)

6. PRUEBA DE <u>AZODYE</u>:

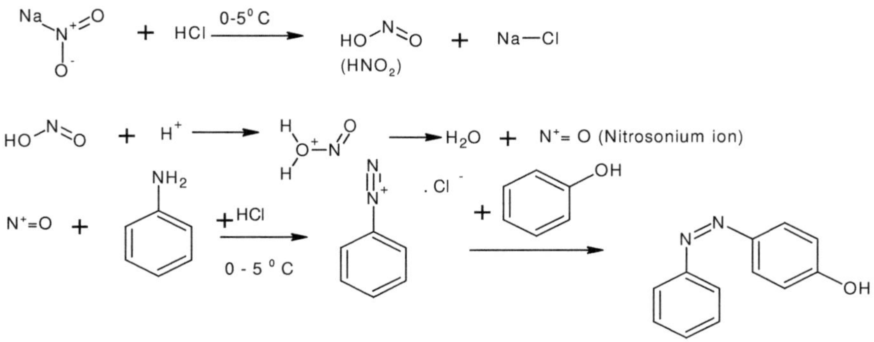

$0-5^0$ C

(HNO$_2$)

$+$ Na$-$Cl

$+$ H$^+$ $\longrightarrow$ H$_2$O $+$ N$^+=$ O (Nitrosonium ion)

N$^+=$O $+$ $+$HCl $0-5\ ^0$ C $\quad$. Cl$^-$ $+$

Derivados de los fenoles: Derivados del bromo, benzoatos, derivados del acetilo

4 (IV). <u>GRUPO- IV: ANÁLISIS:</u>

Los compuestos presentes en el grupo IV son aminas primarias, secundarias y terciarias. Las aminas son derivados orgánicos del amoníaco en los que uno o más átomos de H son sustituidos por uno o más grupos alquilo/alquilo.

Si un grupo alquilo/alquilo está unido al átomo N, la amina es primaria ([10]). Ejemplos: Metilamina, Etilamina, Anilina, toluidina, etc.

Si dos grupos alquilo/alquilo se unen al átomo N, es una amina secundaria ([20]). Ejemplos: Dimetilamina, Dietilamina, Difenilamina, etc.

Cuando tres grupos alquilo/alquilo se unen al átomo N, se trata de la amina terciaria ([30]). Ejemplos: N,N-trimetilanilina, trietilamina, etc.

Las aminas son básicas por naturaleza y por eso son solubles en HCl diluido debido a la formación de sales de cloruro.

PRUEBAS DE AMINAS:

1. <u>PRUEBA CON CLORURO DE ACETILO</u>: Con el cloruro de acetilo, las aminas primarias y secundarias (alifáticas y aromáticas) experimentan una vigorosa reacción debido a la presencia del átomo activo H unido al átomo N.

Ar/R-NH2 OR R-NH-R + CH3COCl --$\rightarrow$ Ar/R-NH-COCH3 OR R-N (COCH3)-R + HCl
    10   20

2. PRUEBA DE ÁCIDO <u>NITRÓGICO</u>: Con esta prueba (diazotización) se pueden identificar las aminas primarias, secundarias y terciarias. El ácido nitroso (HNO2) se prepara in situ durante la reacción entre el NaNO2 y el HCl a una temperatura de **0-50 C y reacciona** con las aminas

i. NaNO2 + HCl (a una temperatura de **0-50 C**-----) HNO2$\rightarrow$ + NaCl

ii. Con la amina primaria: El gas **N2 evoluciona**

Ar/R-NH2 + HNO2 + HC---------l Ar/R-N$\rightarrow$[(+)] $\equiv$ N. Cl [(−)] ----$\rightarrow$ **N2** + Ar/R-OH + HCl
(Sal de diazonio)

iii. Con aminas secundarias: Líquidos o sólidos aceitosos de color amarillo de las **nitrosoaminas** por separado

Ar/R-NH-R/Ar + HNO2 + HCl ------**Ar/R-N$\rightarrow$ (Ar/R)-N=O** + NaCl +H2O

iv. Con aminas terciarias: No se observan gases de **N2** ni líquidos o sólidos aceitosos, pero al añadir el exceso de NaOH se forma una masa verde fluorescente.

Ar/R-N(-R/Ar) 2 + HNO2 + HC------l ON-C6H4-NR2$\rightarrow$

A. <u>PRUEBAS DE CONFIRMACIÓN PARA LAS AMINAS PRIMARIAS</u>:

i. PRUEBA DE <u>AZODIO</u>: La solución diazotizada de amina primaria (formada por el tratamiento con NaNO2 y HCl a **0-50 C**) forma un colorante rojo o naranja al añadir una solución alcalina de 2-naftol a temperatura de hielo

1. DIAZOTISATION:

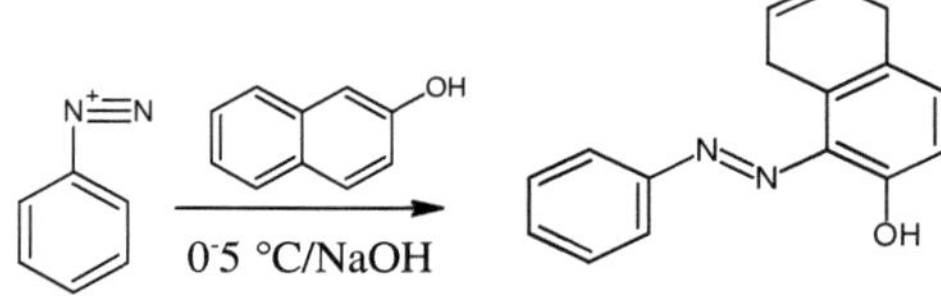

2. DIAZO-COUPLING:

ii. PRUEBA DE <u>CARBILAMINA O PRUEBA DE ISOCIANIDA</u>: Al hervir con una mezcla de cloroformo y solución alcohólica de KOH, las aminas primarias dan un olor nauseabundo de isocianida/carbilamina

B. <u>PRUEBAS DE CONFIRMACIÓN PARA LAS AMINAS SECUNDARIAS</u>:

1. <u>PRUEBA DE LIBERMANN NITROSO</u>:

i. Ar/R-NH-R/Ar + HNO2 + HCl ------Ar/R-N→ (Ar/R)-N=O + NaCl +H2O
   [20] aminas

ii.Ar/R-N (Ar/R)-N=O + H2SO4 Ar/R-NH-Ar/R→ + HNO2

iii.

Sodium salt of phenolindophenol (blue)

Phenol indophenol (Red)

2. PRUEBA <u>DE SIMON</u>: Al añadir 1 ml de acetaldehído/anhídrido acético y 2-3 gotas de solución de nitroprusiato de sodio recién preparada a unas pocas gotas de solución de amina secundaria en agua, aparece un color azul en 1-5 minutos, que puede cambiar lentamente a amarillo pálido.

Blue colour

C. <u>PRUEBAS DE CONFIRMACIÓN PARA AMINAS TERCIARIAS</u>:

La amina terciaria al calentarse con 1 ml de solución de ácido cítrico al 20% p/v en anhídrido acético en un baño de agua durante 2 minutos da un color entre rojo y púrpura.

Derivados de las aminas: Acetamidas, benzoatos, picrato, etc.

4 (V). <u>GRUPO V: ANÁLISIS:</u> Los aldehídos, cetonas, alcoholes, éteres, ésteres y anhídridos de alto peso molecular (todos los compuestos neutros) pertenecen al grupo V y sus pruebas de identificación son las mismas que las del grupo I.

4 (VI). <u>GRUPO VI: ANÁLISIS:</u>

Los hidrocarburos y los hidrocarburos de halo pertenecen al VI. Grupo.

Los hidrocarburos son compuestos que contienen sólo carbono e hidrógeno y no grupos funcionales reactivos. Los hidrocarburos pueden ser insaturados con doble enlace carbono/carbono (alqueno) o triple enlace carbono/carbono (alquino) y pueden ser saturados sin doble o triple enlace (alcano). Los hidrocarburos que tienen benceno o cualquier otro anillo aromático se denominan hidrocarburos aromáticos, por ejemplo, benceno, tolueno, etc. y otros son alifáticos.

Los halohidrocarburos son hidrocarburos halogenados. Los hidrocarburos aromáticos pueden tener halógenos adheridos directamente a los anillos aromáticos, por ejemplo, el clorobenceno, etc., o adheridos a la cadena lateral, por ejemplo, el cloruro de bencilo.

Ejemplos de compuestos del grupo VI: Benceno, tolueno, clorobenceno, bromobenceno, cloruro de bencilo, etc.

1. <u>PRUEBAS DE HIDROCARBUROS Y HALO HIDROCARBUROS:</u>

a. PRUEBA DE <u>NITRATACIÓN</u>: La nitración implica la adición del grupo NO2 al anillo de benceno en lugar del átomo H al nitrobenceno y es un tipo de reacción de sustitución eletrofílica

i. Ar-H + HNO3 + H2SO4 (en calefacción durante 2 minutos)-------- Ar-NO2→

ii. Ar-NO2 + Zn + HCl (en calefacción)----- Ar-NH2→

iii. Ar-NH2 + NaNO2 + HCl (a una temperatura de **0-50 C**-----) Ar-N→$^{(+)}$ ≡ N. Cl $^{(-)}$

iv.

2. <u>PRUEBA DE HALÓGENOS:</u>

a. <u>El halógeno imparte un</u> color verde o azul verdoso a la llama...

b. <u>PRUEBA CON NITRATO DE PLATA ETANÓLICO</u>: Esta prueba se hace para detectar si el halógeno está unido directamente al anillo aromático o a su cadena lateral.

Halohydrocarbonos con halógeno unido directamente al anillo + AgNO3 -→ **No ppt** de Ag-

(por ejemplo, el clorobenceno, el bromobenceno, etc.)   haluro

Halohydrocarburo con halógeno unido a la cadena lateral + AgNO3 -→ PPt de Ag-halide
(por ejemplo, el cloruro de bencilo)

Derivados: Picrato de benceno (M.P. 840 C); Picrato de tolueno (M.P. 880 C)

4 (VII). <u>GRUPO-VII: ANÁLISIS:</u>

Los compuestos como los Nitrocompuestos, anílidos, etc. pertenecen a la VII. Grupo.
Los compuestos nitrosos son aquellos en los que el grupo -NO2 se une al grupo alquílico o arilo.
Ejemplos: Nitrobenceno, m-dinitrobenceno, etc.

Los anílidos son derivados de las amidas sustituidos por N. Ejemplos: Acetanilida
No hay reacciones de color específicas para la identificación de los anilidos, pero en la hidrólisis se obtiene ácido carboxílico y amina primaria, que pueden identificarse mediante pruebas de azodiés y carbilamina.

A. <u>PRUEBAS PARA LOS NITROCOMPUESTOS</u>:

1. <u>Prueba con Zn y NH4Cl:</u> Los compuestos nitrosos se reducen a hidrilaminas por calentamiento   con Zn/NH4Cl
i. Ar-NO2 + 2 Zn + 4 NH4Cl (en calefacción)----- Ar-NHOH→ + 2 ZnCl2 + 4 NH3 + H2O

ii. Ar-NHOH + 2 Ag [(NH3) $_{2+}$] OH $^{(-)}$ ---→ Ar-N = O + 2 Ag + 4 NH3

2. <u>Prueba con Zn y HCl:</u> El grupo nitro se reduce por el naciente H liberado de Zn/HCl

Ar-NO2 + Zn + HCl (en calefacción)----- Ar-NH2→
Ar-NH2 + NaNO2 + HCl (a una temperatura de **0-50 C**-----) Ar-N→$^{(+)}$ ≡ N. Cl $^{(-)}$

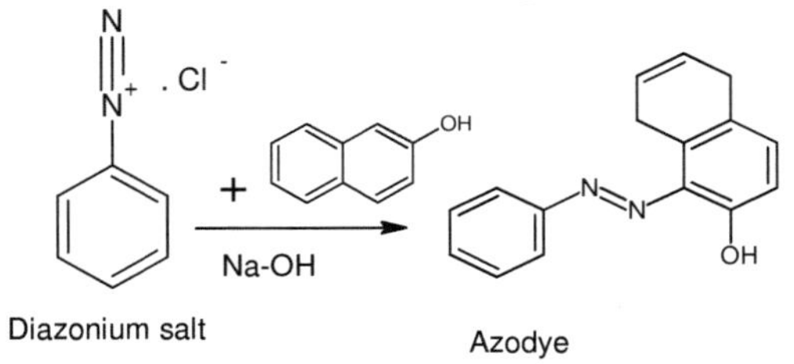

3. PRUEBA DE <u>HIDRÓXIDO FÉRRICO</u>: Esta prueba se basa en el principio de que los compuestos nitrosos son buenos agentes oxidantes y que oxidan el sulfato ferroso (azul-verde) a hidróxido férrico (rojo-marrón).

La muestra se mezcla con 2-3 ml de reactivo de sulfato ferroso recién preparado y se añaden 2-3 ml de solución alcohólica de KOH y se agita enérgicamente. La aparición de ppt de color marrón rojizo en 1 minuto indica la presencia de compuestos de nitro

El reactivo de sulfato ferroso se prepara añadiendo 5 gm de sulfato ferroso de amonio y 0,5 ml de ácido sulfúrico con agua destilada hervida.

$Ar\text{-}NO_2 + 4H_2O + 6\ Fe\ (OH)_2\ Ar\text{-}NH_2 \rightarrow\ +\ Fe\ (OH)_3$

             (Azul-verde)   (Marrón rojo)

3. PRUEBA DE DISTINCIÓN PARA LOS COMPUESTOS MONO, DI Y TRINITRO:

Cuando se agita el compuesto de nitro en acetona con unos pocos ml de solución diluida de NaOH, los compuestos de mononitrógeno no producen ningún cambio en el color, los compuestos dinitro producen un color púrpura y los compuestos trinitro dan un color rojo sangre

B. <u>PRUEBA DE ANILIDAS:</u>
1. PRUEBA DE <u>AZODYE</u>:

$Ar\text{-}NH\text{-}CO\text{-}R + H_2SO_4\ Ar\text{-}NH_2 \rightarrow\ +\ R\text{-}COOH$

$Ar\text{-}NH_2 + NaNO_2 + HCl$ (a una temperatura de **0-50 C**-----) $Ar\text{-}N \rightarrow^{(+)} \equiv N.\ Cl^{(-)}$

2. Da un olor nauseabundo debido a la formación de isocianato.

    i. $Ar\text{-}NH\text{-}CO\text{-}R + OH^{(-)} + calor\ Ar\text{-}NH_2 \rightarrow\ +\ R\text{-}COOH$

    ii.

3. PRUEBA <u>CON DICROMATO DE POTASIO</u>: El dicromato de potasio es un agente oxidante que oxida el grupo NH2 obtenido por hidrólisis ácida de los anilidos y se reduce a sí mismo.

Ar-NH-CO-R + H2SO4 Ar-NH2→ + R-COOH
Ar-NH2 + K2Cr2O7→ Color verde debido a la reducción de K2Cr2O7

4. PRUEBA DE ACETANILIDA:

 Como prueba de la acetanilida, mezclar una pequeña cantidad de acetanilida con una cantidad igual de nitrito de sodio y espolvorear la mezcla sobre la superficie del ácido sulfúrico concentrado. Observen el color rojo que se forma. Este es un ejemplo de la "reacción de Liebermann", usada como prueba para las aminas secundarias:

$$\begin{array}{c} C_6H_5 \\ \\ CH_3CO \end{array}\!\!\diagdown\!\!NH + HONO \;\rightarrow\; \begin{array}{c} C_6H_5 \\ \\ CH_3CO \end{array}\!\!\diagdown\!\!N\text{-}NO + H_2O$$

Se forma una nitrosoamina que reacciona con el fenol (C6H5OH) para producir un indicador de color, que se vuelve rojo en el ácido, azul-verde en la base. El grupo fenilo ya presente en la acetanilida reacciona de manera similar al fenol

Derivados: Bromo derivado de las anilidas (por ejemplo, p-bromoacetanilida)

UN EXPERIMENTO MENOR:

SÍNTESIS DE COMPUESTOS ORGÁNICOS SIMPLES

1. SÍNTESIS DE LA ASPIRINA

Objetivo: Preparar la aspirina del ácido salicílico por el método de acetilación.
Requisito:

    Aparato: Frasco cónico, vaso de precipitados, termómetro, bomba de filtración.

    Química: Ácido salicílico, anhídrido acético y ácido sulfúrico conc.

Principio:

La aspirina (ácido acetilsalicílico) se prepara por el método de acetilación a partir del ácido salicílico utilizando agentes acetilantes como el anhídrido acético (o el cloruro de acetilo y la piridina) en presencia de unas pocas gotas de ácido sulfúrico concentrado como catalizador a 50-600 C.

$$HO-C(=O)\text{-}C_6H_4\text{-}OH + (CH_3CO)_2O \xrightarrow[50\text{ -}60\ ^\circ C]{H^+} HO-C(=O)\text{-}C_6H_4\text{-}O\text{-}C(=O)CH_3 + CH_3COOH$$

Salicylic acid   Acetic anhydride   Aspirin

El fenólico -OH no puede acetilarse satisfactoriamente en una solución acuosa, pero la acetilación procede fácilmente con el anhídrido acético en presencia de ácido sulfúrico conc. En esta reacción el -H del grupo -OH del ácido salicílico es sustituido por el grupo acetilo (-COCH3)

La reacción se produce de la siguiente manera:

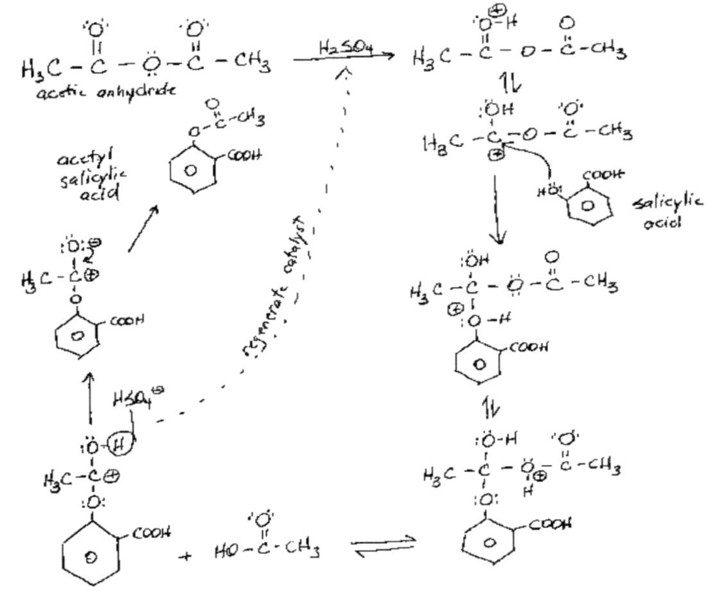

Procedimiento: Colocar 5,0 gm de ácido salicílico seco y 7,5 gm (7,0 ml) de anhídrido acético redestilado en un matraz Erlenmeyer de 100 ml, añadir 2 ó 3 gotas de ácido sulfúrico concentrado y mezclar bien el contenido del matraz girándolo. Calentar en un baño de agua a unos 50-600 C agitando con el termómetro durante unos 15 minutos. Luego deje que la mezcla se enfríe y revuelva de vez en cuando. Añada 75 ml de agua a esta mezcla, revuelva bien y filtre en la bomba. Purifique la aspirina cruda disolviéndola en 15 ml de etanol caliente y vertiendo la solución en unos 40 ml de agua caliente (si en este punto se separa un sólido, caliente la mezcla hasta que la solución esté completa) y luego deje que la solución clara se enfríe lentamente manteniéndola en agua helada. Hermosos cristales en forma de aguja se separan. Luego filtra la aspirina pura, seca y pesa y el punto de fusión (128 - 1330 C) y el % de rendimiento se debe averiguar. Luego presentar el producto con el etiquetado adecuado.

Referencias:

1. Química Orgánica Práctica Elemental por Arthur I. Vogel, Parte I, 2ª Edición, CBS Publishers, 364.
2. Manual de laboratorio de química orgánica de Raj K. Bansal, 4ª edición, New Age Publishers, 238.
3. Química Orgánica Práctica de Mann & Saunders

2. SÍNTESIS DE ACETANILIDA

Objetivo: Preparar y presentar Acetanililde
Requisito:

    Aparato: Frasco cónico, vaso de precipitados, varilla de vidrio, bomba de filtración, probeta, papel de filtro.

    Químico: Anilina, ácido acético, acetato de sodio y HCl conc.

Principio:

    La acetilida se prepara por el método de acetilación a partir de la anilina utilizando agentes acetilantes como el anhídrido acético (o el ácido acético o el cloruro de acetilo y la piridina) en presencia de ácido clorhídrico.

El grupo primario - NH2 de la anilina reacciona fácilmente al calentarse con el anhídrido acético para dar un derivado monoacetil.

Pero en el calentamiento prolongado y el exceso de anhídrido acético, se forman derivados del diacetilo que son inestables en presencia de agua, sometiéndose a hidrólisis al derivado monoacetilo de modo que cuando se cristalizan de los disolventes acuosos como el alcohol diluido, sólo se obtiene el derivado monoacetilo. El acetato de sodio se utiliza para neutralizar el ácido clorhídrico.

En esta reacción el -H del grupo -NH2 del ácido salicílico es sustituido por el grupo acetilo (-COCH3) de la siguiente manera

<u>Procedimiento</u>: Transferir 4,6 ml de ácido clorhídrico concentrado y 5,1 gm (5,0 ml) de anilina a un vaso de precipitados que contenga 125 ml de agua y remover con una varilla de vidrio para obtener una solución clara (si la solución está coloreada, añadir 1 - 1,5 gm de carbón decolorante, es decir, carbón activado, calentar a unos ^{500} C con agitación durante 5 minutos y filtrar). A continuación, añada 6,9 gm (6,4 ml) de anhídrido acético redestilado, agítelo hasta que se disuelva y luego vierta inmediatamente esta solución en una solución de 8,3 gm de acetato de sodio cristalizado en 25 ml de agua. Agitar enérgicamente y enfriar en hielo. Filtrar la acetanilida con succión, lavar con 10 ml de agua, escurrir bien y secar en papel de filtro en el aire. Este acetanilido crudo debe ser purificado por recristalización a partir de 125 ml de agua hirviendo a la que se han añadido 3 ml de espíritu metilado. Recoger los cristales de acetanilida pura, secarlos y pesarlos. Determinar su punto de fusión y el porcentaje de rendimiento

Referencias:

1. Química Orgánica Práctica Elemental por Arthur I. Vogel, Parte I, 2ª Edición, CBS Publishers, 364
2. Química Orgánica Práctica de Mann & Saunders

3. SÍNTESIS DE ÁCIDO BENZOICO

Objetivo: Preparar ácido benzoico a partir de la benzamida por el método de hidrólisis.
Requisito:

    Aparato: Frasco cónico, vaso de precipitados, bomba de filtración

    Químicos: Benzamida, solución de hidróxido de sodio, 10% p/v HCl

Principio: Reacción _de hidrólisis_

    La síntesis del ácido benzoico implica la hidrólisis de la benzamida en medio alcalino. En la reacción, el ácido benzoico se obtiene en forma de sal de sodio, que puede convertirse fácilmente en ácido libre acidificando la solución con ácidos minerales como el ácido clorhídrico

Reacción:

Procedimiento

    Ponga 1 gm de Benzamida en 15 ml de solución de hidróxido de sodio en un matraz de fondo redondo de 250 ml. Añada unos cuantos trozos de porcelana al matraz y coloque un condensador de reflujo. Hervir la mezcla durante unos 30 minutos. Enfriar la mezcla en agua helada y añadir lentamente ácido clorhídrico hasta que la mezcla esté fuertemente ácida. Un precipitado blanco se separa, inmediatamente se enfría la mezcla en agua helada durante 10 minutos. Filtrar el producto crudo y lavar el precipitado con agua. Volver a cristalizar el producto crudo en el agua hirviendo y dejar enfriar a temperatura ambiente.

Referencias:

1. Química Orgánica Práctica Elemental por Arthur I. Vogel, Parte I, 2ª Edición, CBS Publishers, 319.
2. Química Orgánica Práctica de Mann & Saunders

4. SÍNTESIS DE p-BROMOACETANILURO

Objetivo: Preparar p-bromoacetanilida mediante una reacción de brominación.
 Requisito:
   Aparato: Frasco cónico, vaso de precipitados, bomba de filtración
   Químico: Acetanilida, bromo, ácido acético glacial y etanol

Principio de preparación: la p-bromoacetanilida se prepara a partir de la acetanilida mediante la brominación con bromo en el ácido glacial, que es una reacción de sustitución eletrofílica. Aquí el átomo H del anillo de benceno de la posición para se sustituye preferentemente por bromo y se forma p-bromoacetanilde como producto principal. El grupo -NHCOCH3 se activa moderadamente y dirige el bromo a la posición orto- y para- del anillo de benceno pero debido al impedimento estérico el ortoisómero se forma en muy pequeña cantidad que se elimina durante la recristalización.

Reacción:

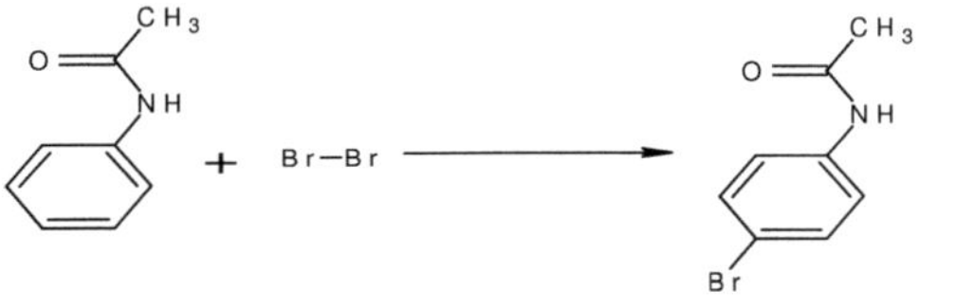

p-brom oacetanilide

Mecanismo de reacción:

i: Formación de Br+ (electrófilo)

ii.Adición de Br+ (electrófilo) en la posición de para de anillo de benceno:

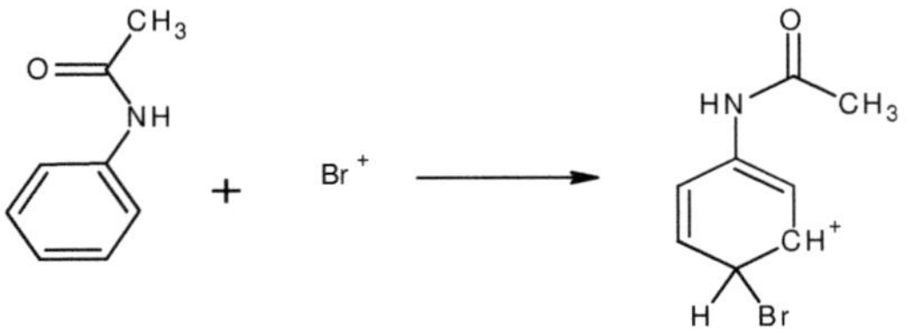

iii. Pérdida de H+

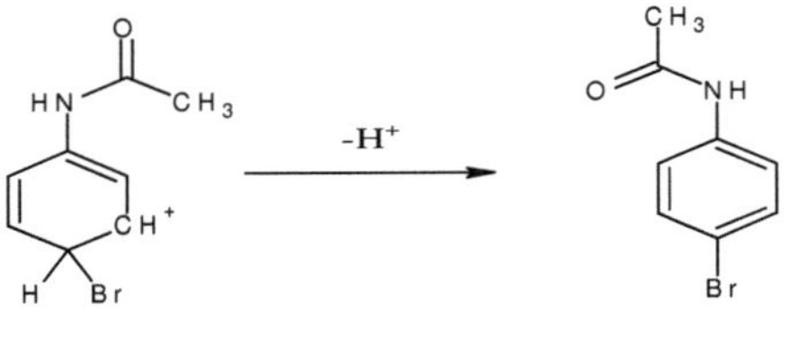

Procedimiento: Disolver 7,0 gm de acetanilida finamente pulverizada en 25 ml de ácido acético glacial en un matraz cónico de 250 ml. En otro pequeño matraz disolver 8,5 gm (2,7

ml) de bromo en 12,5 ml de ácido acético glacial y transferir esta solución a una bureta. Añada esta solución de bromo lentamente y con una agitación constante para asegurar una mezcla completa a la solución de acetanilida manteniendo el matraz en agua fría. Cuando se añade todo el bromo, la solución adquiere un color naranja debido a un ligero exceso de bromo. Luego se deja reposar la mezcla de reacción final a temperatura ambiente durante 15 minutos con agitación ocasional. Se vierte el producto de la reacción en 200 ml de agua, se enjuaga el matraz con 50 ml de agua y se añade. Agitar bien la mezcla y filtrar el ppt cristalino con succión, lavar bien con agua fría y secar. Luego recristalizar el producto a partir de alcohol metílico o alcohol etílico diluido. Recoger el producto puro, seco y punto de fusión (1670 C) y el porcentaje de rendimiento se debe averiguar.

Referencias:

1. Química Orgánica Práctica Elemental por Arthur I. Vogel, Parte I, 2ª Edición, CBS Publishers,
2. Manual de laboratorio de Química Orgánica de Raj K. Bansal, 4ª Edición, New Age Publishers
3. Química Orgánica Práctica de Mann & Saunders

5. SÍNTESIS DE 2, 4, 6 -TRIBROMOANILINA

Objetivo: Preparar 2, 4, 6 tribromoanilina a través de la reacción de brominación.

Requisito:

    Aparato: Frasco cónico, vaso de precipitados, bomba de filtración

    Químico: Anilina, bromo, ácido acético y etanol

Principio:

La 2, 4, 6-tribromoanilina se prepara a partir de la anilina por medio de la brominación utilizando bromo en el ácido acético glacial que es una reacción de sustitución eletrofílica. El grupo NH2 de la anilina es altamente activador del grupo & o- y p-director y dirige el bromo en todas las posiciones orto & para, es decir, 2, 4 & 6 posición del anillo de benceno y como resultado se forma 2,4,6-tribromoanilina. Aquí los átomos H del anillo de benceno de la posición 2,4 &6- son sustituidos por bromo. El ácido acético protege el grupo amino en la anilina y también el as como catalizador

El ácido acético es un disolvente polar que actúa como catalizador que polariza las moléculas de bromo en catión de bromo y anión de bromo.

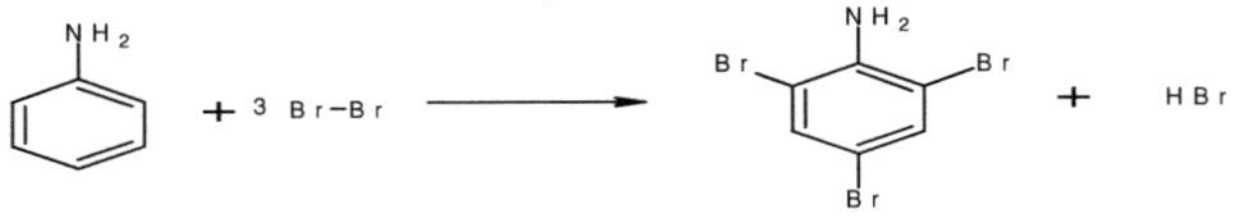

Esta reacción se produce por el tipo bromométrico de sustitución electrofílica

i.

ii.

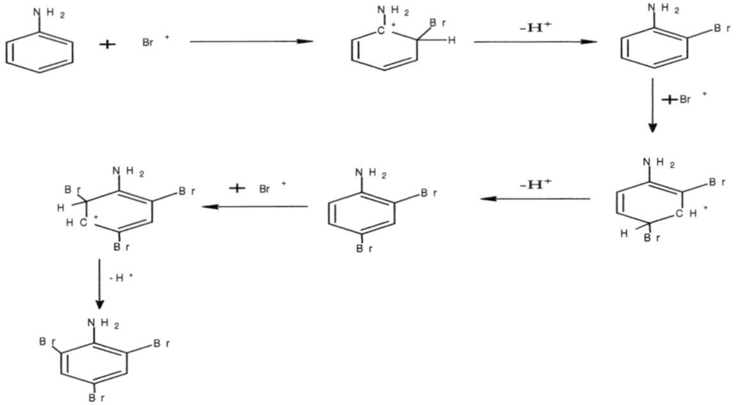

Procedimiento: Disolver 2,5 gm (2,45 ml) de anilina destilada en 10 gm (9,5 ml) de ácido acético glacial en un matraz Erlenmeyer de 100 ml. En otro pequeño matraz disolver 13,5 gm (4,2 ml) de bromo en 10 ml de ácido acético glacial y transferir la solución a una bureta. Añada esta solución de bromo lentamente y con una agitación constante para asegurar una mezcla completa a la solución de anilina manteniendo el matraz en hielo. Cuando se añade todo el bromo, la solución adquiere un color naranja debido a un ligero exceso de bromo. Luego se vierte la mezcla de reacción final en el exceso de agua, se filtra, se lava con agua y se seca. Luego recristalizar el producto a partir de alcohol metílico o alcohol etílico diluido.

Recoja el producto puro, séquelo y averigüe el punto de fusión ($^{120^0}$ C) y el porcentaje de rendimiento.

Referencias:
1. Química Orgánica Práctica Elemental por Arthur I. Vogel, Parte I, 2ª Edición, CBS Publishers,
2. Química Orgánica Práctica de Mann & Saunders
3. Manual de laboratorio de Química Orgánica de Raj K. Bansal, 4ª Edición, New Age Editores,

6. SÍNTESIS DE LA OXIMA DE BENZOFENONA

Objetivo: Preparar y presentar la Oxima de Benzofenona
Requisito:

    Aparato: Frasco cónico, vaso de precipitados, bomba de filtración.

    Químicos: Benzofenona, ácido clorhídrico de hidroxilamina, alcohol rectificado, hidróxido de sodio, Conc. HCl y metanol

Principio: Las oximas son los compuestos de la fórmula R-CH=N-OH o R2 -C=N-OH, donde R es alifático o aromático. La oxima de benzofenona se prepara por condensación de benzofenona con clorhidrato de hidroxilamina en presencia de un exceso de solución de hidróxido de sodio

$(C6H5)_2$ CO   + H2NOH.HCl + NaOH ------$(C6H5\rightarrow)_2$ C=NOH +NaCl + 2H2O

Mecanismo:

Procedimiento: en un matraz de fondo redondo de 50 ml se coloca una mezcla de 2,5 gm de benzofenona pura, 1,5 gm de clorhidrato de hidroxilamina, 5,0 ml de bebida espirituosa rectificada y 1,0 ml de agua, y luego se añaden 2,8 gm de hidróxido de sodio en porciones con agitación. Cuando se haya añadido todo el hidróxido de sodio, entonces se refluye durante 5 minutos, se enfría y se vierte el contenido en 7,5 ml de ácido clorhídrico concentrado en 50 ml de agua guardada en un matraz de 250 ml. Filtrar el precipitado, lavar con agua fría. Volver a cristalizar a partir de alcohol metílico. El punto de fusión (1420 C) y el porcentaje de rendimiento deben ser averiguados.

Referencias:
1. Química Orgánica Práctica Elemental por Arthur I. Vogel, Parte I, 2ª Edición, CBS Publishers, 337.
2. Química Orgánica Práctica de Mann & Saunders

7. SÍNTESIS DE 1-FENILAZO-2-NAFTOL

Objetivo: Preparar y presentar el 1-Fenilazo-2-Naftool

Requisito:

> **Aparato: Frasco** cónico, vaso de precipitados, bomba de filtración.
>
> **Químicos:** Anilina, solución de nitrito de sodio al 10%, Conc. HCl, 2-Napthol en hidróxido de sodio y etanol

Principio:

El fenilazo-2-naftol se prepara mediante la interacción de la lámina de benceno diazonio con β -naftol en presencia de hidróxido de sodio y esta reacción se conoce como reacción de acoplamiento de diazo.

Paso I: Se prepara la primera sal de benceno y diazonio mediante la **diazotización** de la solución de anilina en HCl concentrado con una solución acuosa de NaNO2 a $0 - ^{50}$ C

1. DIAZOTISATION:

Paso II: Acoplamiento **Diazo**: La solución alcalina de β -naftol se condensa con la sal de benceno diazonio a $0 - ^{50}$ C para formar **Fenilazo-2-naftol**

DIAZO-COUPLING:

Procedimiento: Disolver 2,5 gm (2,45 ml) de anilina pura en 8 ml de HCl concentrado y 8 ml de agua guardados en un pequeño matraz cónico. A continuación se sumerge el matraz en un baño de hielo triturado y se enfría a menos de ^{50} C. En otro pequeño vaso de precipitados se disuelven 2 gm de nitrito de sodio en 10 ml de agua y se enfría manteniéndolo en hielo y se añade esta solución en pequeños volúmenes a la solución fría de HCl de anilina y se remueve, pero no se debe permitir que la temperatura supere los ^{100} C

En otro matraz/bebedero se prepara una solución de 3,9 gm de β puro -naftol en 22,5 ml de solución de hidróxido de sodio al 10% y se enfría la solución por inmersión en hielo y se agita esta solución vigorosamente y se añade la solución salina fría de benceno y diazonio muy lentamente. Luego se deja reposar la mezcla en un baño de hielo durante 10 minutos, revolviéndola de vez en cuando. Filtrar el producto y lavar bien con agua. Recristalizar del ácido acético glacial y filtrar el producto recristalizado y lavar con poco alcohol para eliminar el ácido acético. El punto de fusión (1310 C) y el porcentaje de rendimiento deben ser averiguados.

Referencias:
1. Química Orgánica Práctica Elemental por Arthur I. Vogel, Parte I, 2ª Edición, CBS Publishers, 293.
2. Química Orgánica Práctica de Mann & Saunders

8. SÍNTESIS DE LA ACETONA DIBENZILIDINA

Objetivo: Preparar y presentar la acetona dibenzilidina
Requisito:-

    Aparato: Frasco cónico, vaso de precipitados, bomba de filtración

    Químicos: Benzaldehído, acetona diluida NaOH, Etanol

Principio: La acetona dibenzilideno O dibenzalacetona se prepara por condensación entre el benzaldehído (2 moles) con la acetona (1 mol) en presencia de un álcali y esta condensación se conoce como reacción **Claisen- Schmidt** donde los aldehídos aromáticos se someten a condensación con un aldehído o cetona que tiene un hidrógeno alfa para formar un α, β-aldehído insaturado o cetona.

$$2 \; \text{Benzaldehyde} + \text{Acetone} \xrightarrow[C_2H_5OH]{NaOH} \text{Dibenzylidine acetone} + 2H_2O$$

Esta reacción implica la formación intermedia de un aldol:

i. CH3COCH3 + OH (—) --------($\rightarrow^{-)}$CH2COCH3 + H2O

ii.
$$\underset{\text{-C-H}}{\text{C6H5}} + \text{CH2COCH3} ----- > \text{C6H5} \overset{O-}{\underset{H}{-C-}} \text{CH2COCH3} \; .... \; \text{C6H5} \rightarrow \overset{OH}{\underset{H}{-C-}} \text{CH2COCH3}$$

iii.
$$\text{C6H5} \overset{OH}{\underset{H}{-C-}} \text{CH2COCH3} \quad \text{C6H5CH} \rightarrow = \text{CHCOCH3} + \text{H2O}$$

en presencia de NaOH

iv. C6H5CH = CHCOCH3 + C6H5 -C-H --.> - --$\rightarrow$ C6H5CH =$\rightarrow$ CHCOCH = CHC6H5

              (Repetición del paso: i, ii & iii) + H2O

Procedimiento: Tomar una solución fría de 5 gm de hidróxido de sodio en 50 ml de agua y 40 ml de alcohol guardados en un matraz Erlenmeyer de 150 ml y añadir a esta solución la mezcla de 5,3 gm (5,1 ml) de benzaldehído puro redestilado y 1,5 gm (1,9 ml) de acetona, girando el matraz. Agitar frecuentemente y mantener la temperatura a ^{250} C durante 15 minutos mediante la inmersión del matraz en un baño de agua fría. Filtrar el precipitado amarillo de la acetona de dibenzilideno (Dibenzalacetona) en la bomba y lavar con agua fría para eliminar el álcali. Secar el producto a temperatura ambiente en papel de filtro hasta que tenga un peso constante. Luego recristalizar de etilacetato caliente o de alcohol rectificado caliente. El punto de fusión (1120 C) y el porcentaje de rendimiento deben ser averiguados

Referencias:

1. Química Orgánica Práctica Elemental por Arthur I. Vogel, Parte I, 2ª Edición, CBS Publishers,
2. Manual de laboratorio de química orgánica de Raj K. Bansal, 4ª edición, New Age Publishers,
3. Química Orgánica Práctica de Mann & Saunders

9. SÍNTESIS DE BENZANILIDA

Objetivo: Preparar y presentar la Benzanilida
Requisito:
   Aparato: Frasco cónico, vaso de precipitados, bomba de filtración.
   Químicos: Anilina, cloruro de bencilo, 10% NaOH, etanol
Principio:
La benzanilida se sintetiza por el método **Schotten - Baumann de benzoilación** a partir de la anilina utilizando cloruro de benzoílo (en exceso) en presencia de un ligero exceso de hidróxido de sodio
C6H5 NH2 + C6H5 COCl + NaOH ------C6H5→ NHCO C6H5 + NaCl + H2O
Mecanismo:

El hidróxido de sodio hidroliza el exceso de cloruro de benzoílo en benzoato de sodio y cloruro de sodio que permanecen en solución.
C6H5 COCl + 2 NaOH C6H5→ COONa   + NaCl + H2O
El cloruro de benzoílo que se escapa de la hidrólisis alcalina será eliminado por recristalización utilizando alcohol metílico o etílico o alcohol metilado que esterifica el cloruro de benzoílo inalterado.
Procedimiento:
   Ponga 2,6 g (2,5 ml) de anilina y 25 ml de solución acuosa de hidróxido de sodio al 10% en un matraz Erlenmeyer tapado de 250 ml. A esto se añaden 4,3 g (3,5 ml) de cloruro de benzoílo y se tapa el matraz inmediatamente y se agita enérgicamente durante 10 minutos. El calor se desarrollará en esta reacción. El derivado benzoilado crudo se separa como un polvo blanco. Cuando la reacción se haya completado (es decir, cuando ya no se pueda detectar el olor del cloruro de benzoílo; huela **con precaución**), asegúrese de que la mezcla de la reacción sea alcalina y dilúyala con 10 ml de agua. Filtrar el producto con la succión en un pequeño embudo buchner, romper la masa del terrón (si es necesario), lavar con agua y escurrir. Volver a cristalizar a partir de alcohol caliente (o alcohol metilado); filtrar la solución caliente a través de un embudo de agua caliente. Recoger los cristales. Determinar su porcentaje de rendimiento y su punto de fusión. (P.M. 162° C)

Referencias:
1. Química Orgánica Práctica Elemental por Arthur I. Vogel, Parte I, 2ª Edición, CBS Publishers, 270.
2. Química Orgánica Práctica de Mann & Saunders

10.SÍNTESIS DEL m-DINITRO BENCENO

Objetivo: Preparar y presentar el benceno m-dinitro
Requisito:

Aparato: Frasco cónico, vaso de precipitados, bomba de filtración.

Químicos: Nitrobenceno, Conc. Ácido nítrico, Conc. Ácido sulfúrico y etanol

Principio: Reacción _de Nitración_

El nitrobenceno se prepara mediante la reacción entre el nitrobenceno y la mezcla de nitración (conc. ácido nítrico y conc. ácido sulfúrico). Es una reacción de nitración y también una reacción de sustitución aromática electrofílica.

La sustitución de uno o más átomos de hidrógeno en un compuesto orgánico por uno o más grupos nitro se conoce como reacción de **nitración.**

El grupo de nitro que ya está presente en el anillo aromático es un grupo desactivador y también un metadirector. Dirige al grupo entrante hacia la meta posición. Si la tasa de sustitución electrofílica del benceno mono sustituido es menor que la del benceno, se debe a que el grupo desactivador

Grupos o cualquier agente que dirige el ataque de las especies entrantes o que atacan a los electrófilos principalmente en la meta posición, entonces la sustitución o el grupo se conoce como meta director

Aquí el ácido sulfúrico es un ácido fuerte. Actúa como catalizador. En presencia de ácido sulfúrico, el ácido nítrico genera electrófilo, es decir, el ión Nitrógeno

Reacción:

$$\text{Nitro Benzene} + HNO_3 + H_2SO_4 \longrightarrow \text{m-dinitro benzene}$$

Nitro Benzene

m-dinitro benzene

Procedimiento:

Ponga 7ml de ácido sulfúrico conc. y 5ml de ácido nítrico conc. en un matraz de fondo redondo de 100ml. Añada lentamente 3gm de nitrobenceno. Agitar el matraz para asegurar una mezcla completa. Coloque un condensador de reflujo y caliente la mezcla en un baño de agua hirviendo durante 30 minutos. Enfríe la mezcla y viértala en un vaso de precipitados con agua helada. Filtrar el precipitado, lavarlo bien con agua y escurrirlo. Volver a cristalizar el producto crudo a partir de etanol caliente. Averiguar su punto de fusión (90° C) y el porcentaje de rendimiento.

Referencias:

1. Química Orgánica Práctica Elemental por Arthur I. Vogel, Parte I, 2ª Edición, CBS Publishers, 249-251.
2. Manual de laboratorio de química orgánica de Raj K. Bansal, 4ª edición, New Age Publishers, 59.
3. Química Orgánica Práctica de Mann & Saunders

11. SÍNTESIS DEL ÁCIDO PÍCRICO

Objetivo: Preparar y presentar el ácido pícrico (2,4,6-tri nitro fenol)

Requisito:

    Aparato: Frasco cónico, vaso de precipitados, bomba de filtración

    Químicos: Fenol, Conc. Ácido sulfúrico, Conc. Ácido nítrico, Etanol

Principio:

La síntesis de ácido pícrico es un ejemplo de reacción de sustitución aromática electrofílica. El principio de la síntesis es la reacción de nitración en la que el grupo nitro actuará como electrófilo formado por la reacción del ácido nítrico y el ácido sulfúrico. Aquí en esta reacción el ácido sulfúrico actuará como catalizador. El grupo hidroxilo es altamente activador debido al efecto + I y el orto, para director debido al efecto + M (mesomérico/resonante). Por lo tanto, dirigirá el grupo entrante hacia todas las posiciones orto y para director. La mayor reactividad del grupo hidroxilo hace que la reacción de sustitución tenga lugar en todas las posiciones orto y para y da 2, 4, 6-trinitrofenol (ácido pícrico).

Reacción:

$$\text{phenol} + 3HNO_3 + H_2SO_4 \longrightarrow \text{picric acid}$$

Procedimiento:

Poner 1 g de fenol en un matraz seco de fondo plano y añadir 2,3 g (1,2,5 ml.) de ácido sulfúrico concentrado, agitar la mezcla (que se calienta) y calentarla en un baño de agua hirviendo durante 30 minutos para completar la formación de los ácidos o y p-fenolsulfónicos, y luego enfriar el matraz completamente en una mezcla de agua y hielo. Colocar el matraz en una vitrina, añadir 3,8 ml de ácido nítrico concentrado y mezclar los líquidos agitándolos. Deje reposar la mezcla generalmente durante 1 minuto. Cuando la reacción disminuya, calentar el matraz en un baño de agua hirviendo durante 1 ó 2 horas, agitándolo de vez en cuando. Añada 10 ml. de agua fría, filtre los cristales en la bomba, lave bien con agua para eliminar todo el ácido nítrico y escúrralo. Volver a cristalizar a partir del alcohol. Encuentra su % de rendimiento y punto de fusión (122-123° C)

Referencias:

1. Química Orgánica Práctica Elemental por Arthur I. Vogel, Parte I, 2ª Edición, CBS Publishers
2. Química Orgánica Práctica de Mann & Saunders

CURSO: I PHARM. D.
SUB: QUÍMICA ORGÁNICA FARMACÉUTICA (PRÁCTICA)

PREGUNTAS PARA EL VIVO Y LA SINOPSIS DURANTE EL EXAMEN PRÁCTICO

A. EXPERIMENTO IMPORTANTE:
ANÁLISIS CUALITATIVO SISTEMÁTICO DE LOS COMPUESTOS ORGÁNICOS:

1. Definir y clasificar los compuestos orgánicos con el ejemplo

2. ¿Qué se entiende por grupos funcionales? Escribir la fórmula y la estructura de los pocos grupos funcionales   presentes en los compuestos orgánicos

3. ¿Qué es la prueba de ignición y su significado?

4. Explique   por qué los compuestos aromáticos dan una llama de hollín en la ignición pero los   compuestos   alifáticos   no

5. ¿Cómo se detecta/identifica la doble unión o insaturación en los compuestos orgánicos?

6. Escriba   el principio, las reacciones y el significado de las pruebas de Bayer y bromo.

7. Escriba el principio y las reacciones que intervienen en la prueba de fusión de sodio O ¿Por qué se prepara el extracto de fusión de sodio para el análisis elemental?

8. Escriba el principio y las reacciones que implica la identificación del nitrógeno en las compuestos

9. Escriba   el principio y las reacciones que implica la identificación del azufre en los compuestos orgánicos

10. Escriba el principio y las reacciones que intervienen en la identificación de los halógenos en los   compuestos   orgánicos

11. Mencione   la composición y los usos del siguiente reactivo:

    a). El reactivo de Schiff b   ). Tollen's reagentc   ). La solución de Fehling A y B

    d). Reagente de Benedicto   ). Reagente de Barfoed   ). Reactivo de Seliwanoff

    g). Molisch reagenth   ). Reactivo de Lucas

12. Discutir   el principio, la reacción y el significado de las siguientes pruebas:

    a) La prueba de Schiff   b). El test de Tollen   ). Prueba de Fehling

    d).El testeo de Benedicto   ). El test de Barfoed   ). El test de Seliwanoff

    g). Prueba de Molisch).Prueba de Lucas   i). Prueba de colorante azoico

    j). La prueba de Bayer   k). Prueba de bromo   ). Esterificación

    m). Prueba de Osazone   ). Prueba de   ftalina (Libermann Nitroso testo   ).

    p). Carbilamina testq   ). Prueba de ácido nitroso   r).Prueba de biuret

    s). Prueba de ácido hidroxámico

13. ¿Cómo distinguirá lo siguiente?

    i. Alcoholes primarios, secundarios y terciarios

    ii. Aminas primarias, secundarias y terciarias

    iii. Compuestos mono, di y trinitro

    iv. Azúcares reductores y no reductores

    v. Aldose y ketose

    vi. Monosacáridos y disacáridos

vii. Compuestos aromáticos y alifáticos

viii. Ácidos carboxílicos fenólicos y no fenólicos

ix. Fenoles y ácidos carboxílicos

x. Clorobenceno y cloruro de bencilo

14.Mencione   una prueba de confirmación para cada uno de los siguientes compuestos:

a). Cetosa o Fructosa). Amina aromática primaria O Anilina

c). Fenold   ). Azúcar reductor O glucosa). Ácido fenólico carboxílico O   ácido

salicílicodf   ). Ureag   ). Esterh   ). Amina secundaria i). Monosacárido

j). Nitrobenzenek   ). Alcohol primario   ). Anilidas. m). Ácido carboxílico

n). Alifático o Acetaldehído o). Metilcetonas

p). Hidrocarburo O bencenoq). Clorobenceno

r). Cloruro de bencilo

B. EXPERIMENTO MENOR
<u>SÍNTESIS DE COMPUESTOS ORGÁNICOS SIMPLES</u>:

1. Explique el procedimiento y los principios de la preparación de los siguientes compuestos:

    a). AspirinOR   Acetanilideb   ) p-nitroacetanilida o 2,4,6-trinitroanilina

    c). p-bromoacetanilida   ). Acetona de dibenzilideno / Dibenzalacetona

    e). 1-fenilazo-2-naftol.   f). Oxima de benzofenona

PATRÓN DE EXAMEN PRÁCTICO UNIVERSITARIO (RGUHS)
- YO... D. EXAMEN PRÁCTICO: -
Sub: Química orgánica farmacéutica

Marcas máximas: 70   Tiempo: 4 horas

Pregunta: 1. SINOPSIS: Marcas: 15

Pregunta: 2. EXPERIENCIA MAYOR: Marcas: 25

    Identificar la muestra dada de compuesto orgánico simple mediante un análisis cualitativo sistemático y reportar a. Características físicas   b. Elementos adicionalesc. Grupo de solubilidad   d. Grupo funcionalse . Punto de fusión o punto de ebullición   f. Derivado y su punto de fusión.

Pregunta: 3. EXPERIMENTO MENOR: Marcas: 15

    Preparar una muestra pura de compuesto orgánico (se pedirá a cualquiera de los compuestos sintetizados en   la clase práctica habitual) y presentarla con el etiquetado adecuado

Pregunta: 4.   VIVA VOCE: Marcas: 15

xxxx

Nota:

1. En la sinopsis, las preguntas de los experimentos prácticos realizados durante   las clases se pedirán

2. Durante Viva Voce, las preguntas de la teoría así como el programa de estudios prácticos serán hechas por   examinadores

REFERENCIAS

1. Química Orgánica Práctica Elemental por Arthur I. Vogel, Parte I, 2ª Edición, CBS Publishers.
2. Morrison, Robert T.; Boyd, Robert N. y Boyd, Robert K. (1992) Organic *Chemistry*, 6ª ed., Benjamin Cummings.
3. Manual de laboratorio de Química Orgánica de Raj K. Bansal, 4ª Edición, New Age Publishers
4. Química Orgánica Práctica de Mann & Saunders
5. Roberts, Laura (7 de diciembre de 2010) Historia de la Aspirina. *El Telégrafo*
6. Elschenbroich, C. (2006) Organometallics 3rd Ed., Wiley-VCH
7. Clayden, J.; Greeves, N. y Warren, S. (2012) Organic Chemistry. Oxford University Press.
8. Streitwieser, Andrew; Heathcock, Clayton H.; Kosower, Edward M. (2017). *Introducción a la* Química Orgánica. Nueva Delhi.
9. Smith, Michael B.; March, Jerry (2007), Advanced Organic Chemistry: Reactions, Mechanisms, and Structure (6ª ed.), Nueva York: Wiley-Interscience,
10. A.I. Vogel, "Un libro de texto de química orgánica práctica" ELBS y Longmans Green & Co. Ltd., Londres, 3ª Ed. (1968).
11. A.I. Vogel, "Un libro de texto de análisis inorgánico cuantitativo", ELBS y Longmans Green and Co. Ltd., Londres, 3ª edición. ([1962).

I want morebooks!

Buy your books fast and straightforward online - at one of world's fastest growing online book stores! Environmentally sound due to Print-on-Demand technologies.

Buy your books online at
www.morebooks.shop

¡Compre sus libros rápido y directo en internet, en una de las librerías en línea con mayor crecimiento en el mundo! Producción que protege el medio ambiente a través de las tecnologías de impresión bajo demanda.

Compre sus libros online en
www.morebooks.shop

KS OmniScriptum Publishing
Brivibas gatve 197
LV-1039 Riga, Latvia
Telefax: +371 686 204 55

info@omniscriptum.com
www.omniscriptum.com